生猪屠宰管理技术操作手册

王鸿章　主编

中国农业科学技术出版社

《生猪屠宰管理技术操作手册》

编　委　会

主　　编：王鸿章

副 主 编：王学斌　宋小兵　李兴赣

编写人员（排名不分先后）：

马鸿余　吴红梅　黄德龙　张　飞

杜光辉　乔光斌　潘远征　段君位

张　沛　王振宇　郝红涛　李　良

李丰艳　杨思远　金　玲　文俊雅

付军杰

前言

根据正大集团中国区猪事业发展的现状，结合洛阳正大食品有限公司的实际生产情况，遵照集团屠宰加工流程及国家标准《生猪屠宰操作规程》（GB/T 17236—2008），编者于2018年2月编写了《生猪屠宰管理技术操作手册》。

《生猪屠宰管理技术操作手册》（以下称《手册》），根据“从实践中来，到实践中去”的原则，阐述了生猪屠宰生产中的标准化操作流程，介绍了工厂选址、毛猪采购管理、毛猪屠宰管理、生猪深加工管理、品质管理、产品检验管理、产品储藏管理、生物安全管理等内容，讲述了从农场到餐桌的全程管控。《手册》的内容突出了标准化、规范化及可操作性。

洛阳正大食品有限公司作为正大集团第一家生猪屠宰企业，自2012年11月正式投产以来，快速发展，生产已趋向规范化管理。但生产环节缺乏一套标准化的管理工具来指导屠宰规范生产，同时结合正大集团关于统一生猪屠宰标准化作业经营理念，因此，编者整合公司毛猪采购、生产、品管、研发、设备、仓储、物流、安全等部门信息资源，分工协作共同编写《手册》，以提高生猪屠宰加工技术管理水平，提升员工现场标准化操作能力。

在此对《手册》各位编写人员付出的辛勤劳动及领导的大力支持，一并表示感谢！由于编者水平有限，书中难免有不妥之处，敬请读者和同行专家提出宝贵的意见和建议，以便再版时进行修改和完善。

编　者

目 录

第一章　概　述

第一节　生猪屠宰行业发展历史

随着商品经济的形成和发展以及科学技术的进步，生猪屠宰加工技术也有了很大的进步。我国生猪屠宰管理从20世纪50年代开始，大体分为以下4个阶段。

一、多头管理时期（1950—1954年）

屠宰方式主要是手工操作，一把刀、一口锅；肉品检验只检胴体、不检内脏和头蹄；检验项目不全，漏检严重。

二、统一管理时期（1955—1985年）

商业部统一领导屠宰厂及厂内卫生工作，将分散在农业、卫生、供销、外贸等部门的屠宰厂划归商业部所属的食品公司及分支机构统一领导，统一管理；卫生部门对屠宰厂的建筑、设备、环境卫生、肉品加工、储运和销售方面的卫生情况进行监督和指导；畜牧兽医部门对屠宰厂的兽医工作进行监督和指导。

三、放开经营时期（1986—1997年）

生猪屠宰从国营食品公司独家经营变成多种经济主体多渠道经营。由于缺乏法制化的规范管理，出现了一系列新的问题，如个体屠商泛滥、流通秩序混乱；病害肉大量上市，危害消费者健康；机械化屠宰设施大量闲置，资源浪费严重；环境污染严重；税收大量流失。

四、依法规范时期（1998—2014年）

1998年1月，国务院颁布实施了《生猪屠宰管理条例》，规范生猪屠宰行为，提高生猪产品质量，保障人民吃肉安全，取得了明显成效。2010年1月，商务部根据《中华人民共和国食品安全法》《生猪屠宰管理条例》和《生猪屠宰管理条例实施办法》的有关规定，编制公布了《全国生猪屠宰行业发展规划纲要》（以下称《纲要》），并根据我国生猪屠宰现状，提出2010—2015年整治规范生猪屠宰行业的规划，支持发展规模化、机械化屠宰企业，淘汰手工屠宰。

第二节　生猪屠宰行业现状

我国屠宰行业实行严格的准入和定点屠宰制度，2008年新修订的《生猪屠宰管理条例》对生猪定点屠宰、集中检疫做出了明确规定。据不完全统计，2016年国内屠宰企业共有20 658家，规模化屠宰企业却很少，年产值500万以上的半机械化企业只有2 076家，仅占全国屠宰企业总量的10.5%，其余17 000多家屠宰企业机械化水平低，且主要分布在乡镇；行业前10位企业的年屠宰能力占全国生猪出栏量的23%左右（图1-1）。机械化、规模化屠宰有待进一步提高。

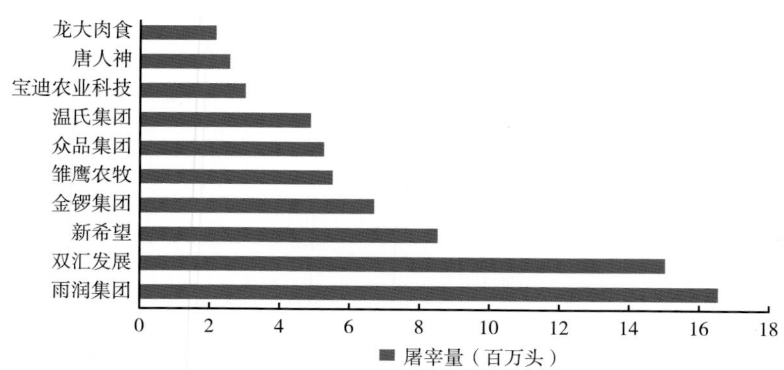

图1-1　中国主要生猪屠宰加工企业年屠宰量

（资料来源：中国产业信息网）

第三节　生猪屠宰行业发展

生猪屠宰是生猪产业的重要组成部分，屠宰企业布局与生猪产业发展密切相关。根据生猪养殖产业区域优势，合理调整优化屠宰企业布局，积极推进养殖、屠宰结合；推进“就近屠宰、冷链配送”经营方式，提高综合生产能力和市场竞争力。

通过优化生猪屠宰企业布局，推行就近屠宰，逐步减少直至完全避免生猪活体运输，实现猪肉由生猪主产区就近屠宰后冷链销往主销区，可以有效减少生猪疫病传播，减少长距离跨省调运，能够大幅降低疫病跨区域传播风险；同时能够实现养殖企业、屠宰企业互利互惠，融合发展，推动生猪产业健康发展，有效保障肉品质量安全。同时实现养殖、屠宰共赢发展，通过养殖、屠宰“产销衔接，场厂挂钩”，解决养殖企业生猪销售后顾之忧，同时也为屠宰企业提供稳定猪源（图1-2）。

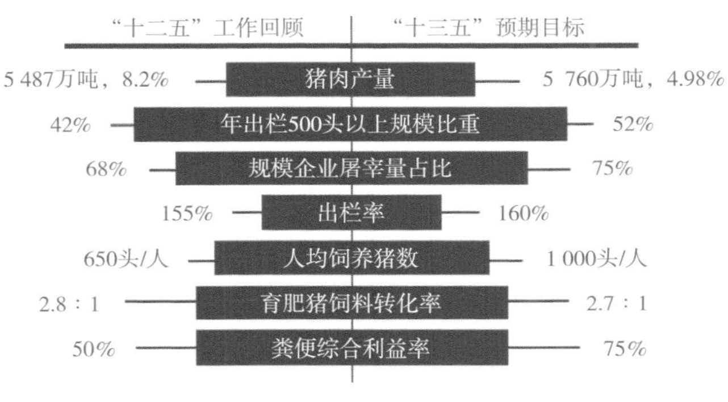

图1-2　生猪产业回顾与展望数据

（资料来源：光华博思特.消费大数据分析）

目前，为加快生猪产业转型升级和绿色发展，保障猪肉产品有效供给，农业部2016年4月21日发布了《全国生猪生产发展规划（2016—2020年）》（以下称《规划》）（表1-1），这是中华人民共和国成立以来第一个生猪生产发展规划，也是“十三五”期间生猪生产发展的指导性文件。《规划》将全国生猪生产的区域布局划分为重点发展区、约束发展区、潜力增长区和适度发展区

4个区域。并提出了促进生猪生产发展的重点任务。要建设现代生猪种业，深入实施全国生猪遗传改良计划；发展标准化规模养殖，坚持良种良法配套，发展适度规模养殖；加强生猪屠宰管理，提高生猪屠宰现代化水平；加快建立猪肉质量安全管理体系和可追溯体系，构建全链条信息化管理体系。同时，提出到2020年，生猪生产保持稳定略增，猪肉保持基本自给，规模比重稳步提高，规模场户成为生猪养殖主体，生猪出栏率、母猪生产效率、劳动生产率持续提高，养殖废弃物综合利用率大幅提高，生产与环境协调发展。

表1-1 全国生猪生产发展规划（2016—2020年）

区域定位	省（区、市）	规划内容
重点发展区	河北、山东、河南、重庆、广西、四川、海南	养殖总量大、调出量大，在满足本区域需求的同时，还要供应上海、江苏、浙江和广东等沿海省（区、市），成为稳定我国猪肉供给的核心区域
约束发展区	北京、天津、上海、江苏、浙江、福建、安徽、江西、湖北、湖南、广东	受资源环境条件限制，生猪生产发展空间受限，未来区域养殖总量保持稳定
潜力增长区	辽宁、吉林、黑龙江、内蒙古、云南、贵州	发展环境好，增长潜力大，该区域生猪生产发展在满足本区域需求的同时，可重点满足京、津等大中城市供应，成为我国猪肉产量增加的主要区域
适度发展区	山西、陕西、甘肃、新疆、西藏、青海、宁夏	地域辽阔，土地资源和农副产品资源丰富，农牧结合条件较好，但是生猪养殖基础薄弱，部分省区水资源短缺，未来将积极引导大型企业集团建设养殖基地，推进适度规模养殖和标准化屠宰，推广先进高效适用养殖技术，坚持农牧结合

（资料来源：中国产业信息网）

第二章　猪的基本知识

第一节　生猪的品种及特征

猪在不同的生态环境下，形成了不同的类型，也形成了各自的特征。我国商品猪品种有100多个，约占世界猪品种的1/4。猪品种的分类方法有几种，有按肉的经济类型（即肉的用途）来分，还有按猪种的血统、地区等来分。

一、猪的品种

（一）原始型品种

这类品种属于我国各地原有的品种，形成历史悠久。经过长期选育，其中有不少优良品种，具有独特的品种特性。

根据猪种的起源、生产性能和外形特点，结合当地的自然环境、农业生产和饲料条件，可分为6个类型。

1. 华北型　主要包括华北、内蒙古、新疆等地的猪。由于产区地处中温带、气候干燥、喂猪的青粗饲料比例大，多采用放牧和“吊架子”方式。猪的特点是皮毛呈黑色，鬃毛粗，长约10厘米；抗寒能力强，体躯较大，背腰窄而平；膘不厚，但板油较多；生长较慢，性成熟晚。以东北民猪为代表。

2. 华中型　主要分布于长江和珠江三角洲广大地区的猪。由于产区气候温和，农业发达，猪饲料种类多，精料、青绿和水生饲料充足，猪多舍饲。猪的特点是背较宽，骨骼较细，背腰多下凹，四肢较短，腹大下垂，毛稀疏；生长较快，成熟早。如浙江金华猪等。

3. 华南型　主要分布于云南省的西南和南部边缘，广西壮族自治区和广东省的偏南大部分地区以及福建省的东南地区。由于产区位于亚热带，所以气候湿热，青饲料多。猪的特点是体躯短、矮、宽、圆、肥，皮薄毛稀，背凹陷，腹大下垂，性成熟早。如广西陆川猪等。

4. 江海型　主要分布于长江中下游及东南沿海地区的猪。由于产区属中亚热带，气候温和，农业发达，饲料资源丰富，饲料管理较好。猪的特点是外形介于华北型与华中型之间，额较宽，耳长、大而下垂；皮薄而多有褶皱、成熟早、繁殖力强，一般经产母猪一胎可产仔猪15头左右。如太湖流域的太湖猪等。

5. 西南型　主要分布于云贵高原和四川盆地的猪。产区高原地区四季如春、阴雨较多，盆地地区则是春旱、夏热、秋雨、冬暖的气候，使这里青饲料、碳水化合物饲料丰富。由于气候、饲料条件基本相同，故此地区的猪种体质外形基本相同，腿较粗短，额部多旋毛或横行皱纹，毛以全黑和“六白”较多。如四川荣昌猪等。

6. 高原型　主要分布于青藏高原的猪。由于产区气候高寒，饲料较缺乏，多数终年放牧。猪的特点是躯体小，四肢发达，皮较厚，鬃毛粗密。以西藏猪为代表。

（二）典型品种

1. 太湖猪　产于我国长江下游太湖流域的沿江、沿海地带，是世界上产仔数最多的猪种，享有“国宝”之誉。依产地不同分为二花脸、梅山、枫泾、嘉兴黑和横泾等类型。体型中等，被毛稀疏，黑或青灰色，四肢、鼻均为白色；腹部紫红，头大额宽，额部和后驱皱褶深密，耳大下垂，形如烤烟叶；四肢粗壮，腹大下垂，臀部稍高，乳头8～9对。初产平均12头，经产母猪平均16头以上，最高纪录产过42头。太湖猪性成熟早，公猪4～5月龄精子的品质即达成年猪水平（图2–1）。

图2–1　太湖猪

优缺点：太湖猪遗传性能较稳定，与瘦肉型猪种结合杂交优势强。最宜作杂交母体。目前，太湖猪常用作长太母本（长白公猪与太湖母猪杂交的第一代母猪）开展三元杂交。实践证明，在杂交过程中，杜长太或约长太等三元杂交组合类型保持了亲本产仔数多、瘦肉率高、生长速度快等特点。

2. 梅山猪　梅山猪是太湖猪的一个主要品系，以高繁殖力和肉质鲜美而著称于世。它也是经济杂交或培育新品种的最大优良亲本，被誉为“世界级产仔冠军”，是一个世界公认的宝贵猪种遗传资源。梅山猪体型小，皮薄，早熟，繁殖力高，泌乳力强，使用年限长。梅山猪性成熟早，小母猪生后85日龄可发情，7月龄即可配种。梅山猪繁殖力高，产仔多，平均每胎产仔16头，最高记录一胎产仔33头。母猪温顺，奶水多，护仔性强，大多数母猪能在哺乳期配种怀孕（图2-2）。

图2-2　梅山猪

优缺点：梅山猪杂交优势明显，与瘦肉型公猪杂交后胴体瘦肉多（52%左右）、生长速度快，抗病力强，其二元杂交母猪基本保持梅山猪的高产特性，产仔达到14头，生产的三元杂交商品猪瘦肉率达到56%以上。

3. 金华猪　又称金华两头乌或义乌两头乌，是我国著名的优良猪种之一。金华猪具有成熟早，肉质好，繁殖率高等优良性能。因其头颈部和臀尾部毛为黑色，其余各处为白色，故又称“两头乌”，是全国地方良种猪之一。头大，嘴短；毛长，皮肤粗糙；腹部大，臀部尖。在黑白交界处有黑皮白毛的“晕带”。耳中等大小、下垂，额上有皱纹，颈粗短；背稍凹，腹大微下垂，臀较倾斜；四肢较短，蹄坚实；皮薄毛稀（图2-3）。

优缺点：肉脂品质好，肌肉颜色鲜红，吸水力强，细嫩多汁，富含肌肉脂肪。皮薄骨细，头小肢细，胴体中皮骨比例低，可食部分多。缺点是体格不大，初生重小，生长较慢，后腿不够丰满。

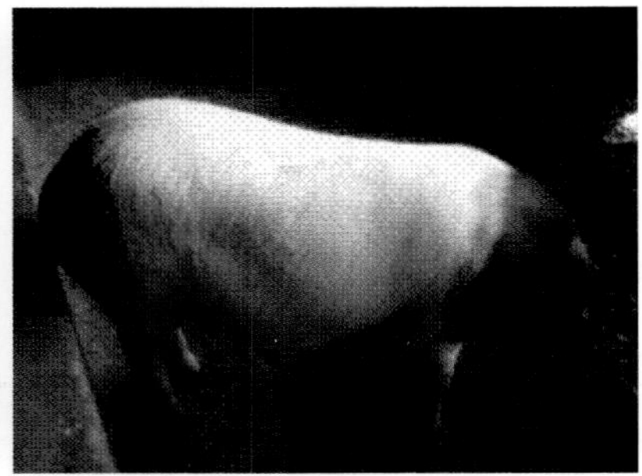

图2-3　金华猪

（三）培育型品种

这类品种是通过引入外来优良猪种同原始型品种杂交，经长期育种工作培育而形成的。这些培育品种有较稳定的遗传性和较好的产肉率。

1. 哈白猪　哈白猪是哈尔滨白猪的简称。产自哈尔滨市及其周围县。系引进巴克夏猪、约克夏猪及苏联大白猪与东北民猪杂交培育而成，皮毛全白；头中等大、两耳直立，面稍凹；背腰平直，腹稍大但不下垂；腿臀丰满，四肢强壮。具有较强的抗寒能力和耐粗饲性能，生长快，产仔和哺育性能较好等特性。但也存在体型外貌和生产性能变异大，瘦肉率偏低，脂肪偏多等问题（图2-4）。

图2-4　哈白猪

2. 汉中白猪　汉中白猪主要分布于陕西的汉中、勉县等市县。该猪系用巴克夏猪及苏联大白猪与地方猪杂交培育而成的肉脂兼用型猪。被毛全白（图2-5）。

3. 新淮猪　新淮猪是由江苏淮阴地区的母猪与英国约克夏公猪杂交培育而成的。猪皮毛黑色；头稍长，耳中等大、垂向前下方；背腰平直，腹稍大但不下垂，臀略斜。具有适应性强，生长发育快，产仔多和杂交效果好等特性。但成熟较晚，而且早期增重较慢（图2-6）。

图2-5　汉中白猪

图2-6　新淮猪

4. 上海白猪　上海白猪是由上海本地猪与英国约克夏猪和苏联大白猪长期杂交培育形成的。猪皮毛白色、体型中等；头平直或微凹，耳中等大，略向前倾；背宽，腿臀较丰满。具有生长快、产仔多、瘦肉率高及杂交优势高等特性（图2-7）。

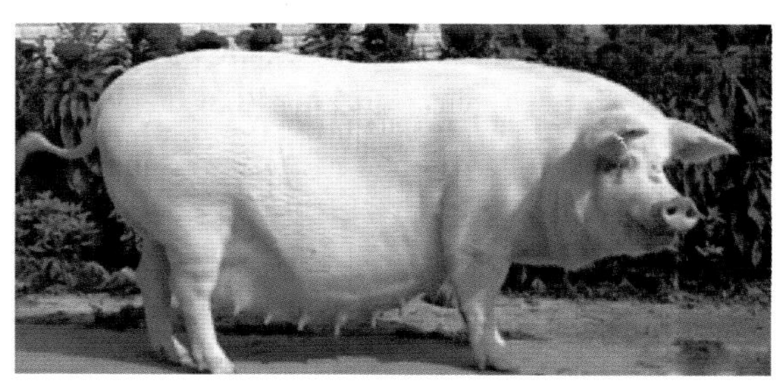

图2-7　上海白猪

（四）引进型品种

这类品种是指从国外引入的猪品种。

1. 长白猪　原产于丹麦，是世界上著名瘦肉型猪种之一，原名兰特瑞斯猪。由于其体躯长，毛色全白，故在我国通称为长白猪。主要特点是产仔数较多，生产发育较快，省饲料，胴体瘦肉率高，但抗逆性差，对饲料营养要求较高。目前，在欧美及日本等地分布很广，我国在1964年开始从瑞典、英国、荷兰等国引入多批（图2-8）。

长白公猪

长白母猪

图2-8　长白猪

体型外貌：长白猪头小颈短，嘴筒直，耳向前倾、平伸略下耷；大腿和整个后躯肌肉丰满，背腰平直，稍呈拱形；体躯特别长，前窄后宽呈流线型，有16对肋骨；全身被毛白色。

繁殖性能：性成熟较晚，公猪一般在6月龄时性成熟，8月龄时开始配种。母猪发情周期为21～23天，发情持续期2～3天，妊娠期为112～116天。初产母猪产仔数8～10头，经产母猪产仔数9～13头。

育肥性能：在良好的饲养条件下，长白猪生长发育迅速，6月龄体重可达90千克以上，日增重500～800克，每千克增重消耗配合饲料3～3.5千克。体重90千克屠宰，屠宰率为69%～75%，胴体瘦肉率为53%～65%。

2. 杜洛克猪　原产美国，由产于新泽西州的泽西红猪和纽约州的杜洛克猪杂交选育而成。原属脂肪型，20世纪50年代后被改造成为瘦肉型，用以生产商品瘦肉猪。其特征为颜面微凹，耳下垂或稍前倾，腿臀丰满。被毛淡金黄至暗棕红色（图2-9）。

体型外貌：全身被毛为棕红色。头轻小而清秀，耳中等大小、耳根稍立、中部下垂、略向前倾；嘴略短，颊面稍凹；体高而身较长，体躯深广，肌肉丰满，背呈弓形，后躯肌肉特别发达；四肢粗壮结实。

繁殖性能：母性较强，育成率高。第一个发情周期平均为21.2天，范围是

17～19天，第1到第5个发情周期平均为21.7天，范围是15～29天。平均妊娠期为114.1天。初产母猪产仔9头左右，经产母猪产仔10头左右；仔猪初生窝重，初产10.1千克，二产为11.2千克；个体初生重为1.3千克。

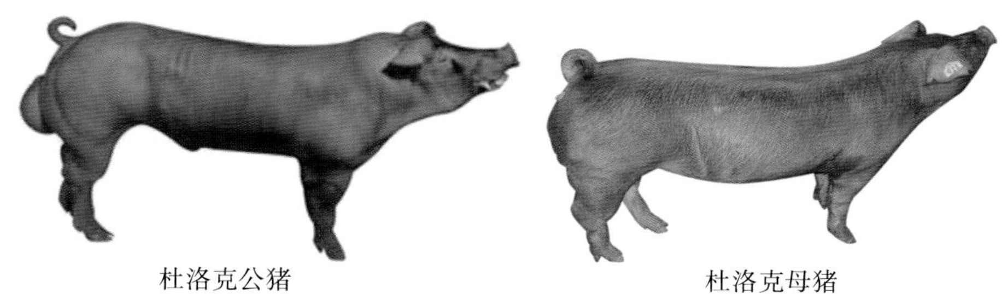

图2-9　杜洛克猪

育肥性能：杜洛克猪是生长发育最快的猪种，肥育猪25～90千克阶段日增重为700～800克，料肉比为（2.5～3.0）：1；在170天以内就可以达到90千克体重，90千克屠宰时，屠宰率为72%以上，胴体瘦肉率达61%～64%；肉质优良。

3. 大白猪　大白猪又称为大约克夏，原产于英国。由于大白猪体型大、繁殖能力强、饲料转化率和屠宰率高以及适应性强，世界各养猪业发达的国家均有饲养，是世界上最著名、分布最广的主导瘦肉型猪种（图2-10）。

图2-10　大白猪

体型外貌：体型高大，被毛全白，皮肤偶有少量暗斑；头颈较长，面宽微凹，耳向前直立；体躯长，背腰平直或微弓，腹线平，胸宽深，后躯宽长丰满；肢蹄健壮，前胛宽，背阔、后躯丰满，呈长方形体型；有效乳头6对以上。

繁殖性能：母猪初情期165～195日龄，适宜配种日龄220～240天，体重

120千克以上。母猪总产仔数，初产9头以上，经产10头以上；21日龄窝重，初产40千克以上，经产45千克以上。

育肥性能：达100千克体重日龄180天以下，饲料转化率1：2.8以下，100千克体重时，活体背膘厚15毫米以下，眼肌面积30平方厘米以上。100千克体重屠宰时，屠宰率70%以上，背膘厚18毫米以下，眼肌面积30平方厘米以上，后腿比例32%以上，瘦肉率62%以上。肉质优良，无灰白、柔软、渗水、暗黑、干硬等劣质肉。

二、猪的经济类型

根据人们的需求，在人类长期培育和自然环境影响下，逐渐形成了3种经济类型的猪。

（一）脂肪型

这类猪的胴体能提供较多的脂肪。脂肪占胴体的55%～60%，瘦肉占30%左右。此类猪早期沉积脂肪的能力较强，第6～7肋膘厚在6厘米以上。其外形特点是体躯宽、深而不长，全身肥满，头劲较重，四肢短，体长与胸围差不多，皮下脂肪多。广西陆川猪、老式巴克夏猪为典型代表。

（二）瘦肉型

瘦肉型猪是指以生产瘦肉为主要特征的猪种。瘦肉型猪瘦肉多、肥肉少。瘦肉率在55%以上。其外形特点是背线呈弓形，颈短，体躯不长而稍宽，背腰厚，腿臀发达；瘦肉多，肌肉组织致密，腹较紧，脂肪少。一般体长大于胸围15～20厘米，在标准饲养管理下，6月龄体重可达90～100千克。瘦肉型品种主要有大约克夏、长白、杜洛克、汉普夏等。

（三）肉脂兼用型

这类猪以供生产鲜肉为主，肉脂品质优良，产肉和产脂性能均较强，胴体中肥肉、瘦肉各占1/2。其外形特点是体躯较长，体长大于胸围，背线与腹线平直；头颈部轻而肉少，躯干较深，腹部容积大；脂肪含量中等，脂肪坚实、腿臀部丰满、胸腹肉发达。我国地方猪种大多属这一类型。如四川的荣昌猪。

第二节　现有屠宰的商品代生猪品种

猪的经济杂交是培育高产瘦肉型商品猪，开拓生猪销售市场，满足人们生活需求，降低生产成本，提高养猪经济效益的重要措施。根据杂交的种类，可以分为二元猪、三元猪、四元猪等。

一、二元猪

二元杂交又叫两品种杂交或单杂交，是养猪生产中以经济利用为目的，最简单、最普遍采用的一种杂交方式。它是选用两个不同品种猪分别作为杂交的父母本，只进行一次杂交，专门利用第一代杂种的杂种优势来生产商品肉猪。其特点是杂种一代无论公母猪全部不作种用，全部作为经济利用。这种杂交方式简单易行，只需进行一次配合测定即可，对提高肉猪的产肉力有显著效果。

二元猪的特点是营养需求比三元稍高，生长速度快，料肉比低，缺点是瘦肉率低，体型不如三元猪好。

二、三元猪

三元猪顾名思义是指用3个品种杂交出来的猪，三元杂交种又可分为外三元猪（又称洋三元猪）和内三元猪（又称土三元猪）两种模式。

1. 外三元猪

（1）由来：从字面上来说，首先是三元，就是3个品种的杂交猪，而且这3个品种都是外来的。我们最常见的外三元一般是“杜长大”外三元猪：首先用大白母猪和长白公猪杂交，产下的母猪（长大二元母猪）留种，再用长大二元母猪和杜洛克公猪交配，再产下的猪就是杜长大三元猪，这些猪的3个杂交品种都是外国引进品种（长白、大白，杜洛克），所以叫外三元猪。具体如图2-11。

目前，国内最广泛应用的繁育计划是A×（B×C），A是终端公猪，B是母系父本，C是母系母本，其中，A多为杜洛克，B多为长白猪，C多为大白猪。在许多情况下，B、C也可以互换。杜长大组合是目前世界上普遍应用的最佳组合，我国目前也普遍采用这套组合，是饲养量较多的品种。该品种猪具有生长速度快、饲料报酬高、瘦肉率高等特点，适应性好，无应激敏感现象，比较容易适合规模化养殖。

（2）外貌特征：杜长大身子长，屁股大，双脊背，小耳朵，小肚子。头小、嘴尖、面部平直，耳竖直且较大；毛稀皮嫩，四肢短细，前胛宽，双背平直呈双脊状（中间略有凹陷）；收腹，臀部浑圆。许多学者称之为纯种体系或称相应的商品猪为杜长大。

（3）优缺点：杜长大猪具有增重快、饲料报酬高［料肉比为（2.8～3.2）：1］、胴体品质好、眼肌面积大、瘦肉率高，适应性好，无应激敏感现象的特点。杜长大身体健壮、强悍，耐粗性能强，是一个极富生命力的品种。但繁殖力不太高，母性差，胴体产肉量稍低，肌肉间脂肪含量偏高。

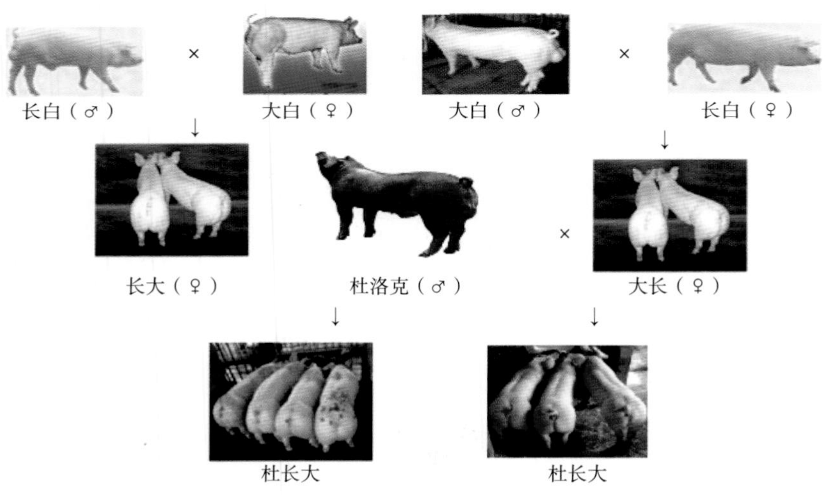

图2-11　杜长大三元杂交示意图

2. 内三元猪

（1）由来：从字面上理解内三元也是3个品种的杂交猪，但是3个品种中有我国本地的品种，也就是3个亲本中的母本是地方良种，国外品种猪为父本。内三元一般的杂交方式多采取以长白公猪或大白公猪为第一父本，与当地母猪交配，再用杜洛克公猪为第二父本，与一代杂种母猪进行第二次交配，产下的猪就是内三元猪。内三元猪可以充分发挥我国地方良种猪繁殖性能好的特点，并且地方良种适应当地自然社会经济条件，包括其杂种后代比较好养，推广容易（图2-12）。

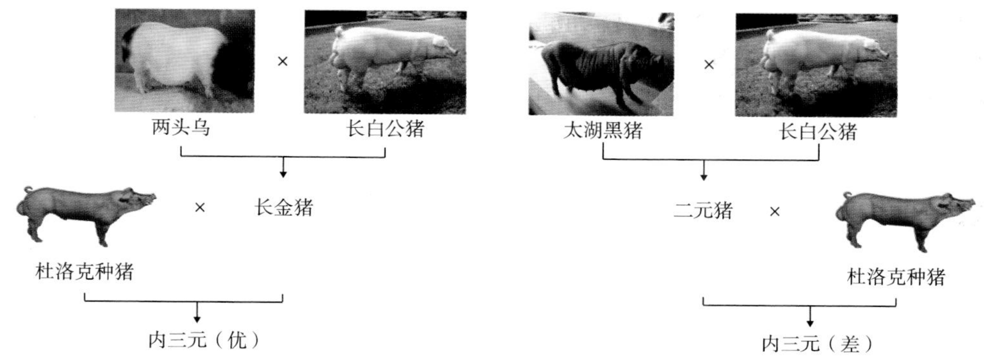

图2-12　内三元猪

（2）体貌特征：头较大，嘴尖，耳不能竖直；毛色较稠密，皮略粗糙；腿长，身躯长，前胛窄，脊背略拱，腹略大，臀部大但不浑圆（图2-13）。

（3）优缺点：此猪瘦肉率、饲料利用率不如外三元猪，但适应本土生长饲养条件，要求不高。

图2-13　内三元猪体貌特征

三、四元杂交猪

由来：四元杂交是用4个品种或品系参与，先由两品种或两品系进行二元杂交，产生两种杂种，然后两种杂种间再进行杂交（双杂交，二二杂交），产生四元杂种商品代。例如：两头乌与长白猪产生的二元长金猪，二元长金猪与大白猪杂交产生三元猪，三元猪与杜洛克猪杂交产生四元杂种商品猪。

优缺点：四元杂交的优点是比二元、三元杂交遗传基础更广，可能有更多的显性优良基因互补和更多的互作类型，从而有较大的杂种优势；既可以利用杂种母猪的优势，也可以利用杂种公猪的优势。

第三章　生猪屠宰厂的要求

第一节　厂址选择及平面布置

一、厂址选择要求

1. 猪屠宰与分割车间所在厂址应远离供水水源地和自来水取水口，其附近应有城市污水排放管网或允许排入的最终受纳水体。厂区应位于城市居住区夏季风向最大频率的下风侧，并应满足有关卫生防护距离要求。

2. 工厂周围应有良好的环境卫生条件。厂区应远离受污染的水体，并应避开产生有害气体、烟雾、粉尘等污染源的工业企业或其他产生污染源的地区或场所。

3. 屠宰与分割车间所在的厂址必须具备符合要求的水源和电源，其位置应选择在交通运输方便、货源流向合理的地方，根据节约用地和不占农田的原则，结合加工工艺要求因地制宜选择，并应符合规划的要求。

二、平面布置要求

1. 厂区应划分为生产区和非生产区。生产区必须单独设置生猪与废弃物的出入口，产品和人员出入口需另设，且产品与生猪、废弃物在厂内不得共用一个通道（图3-1，图3-2）。

2. 生产区各车间的布局与设施必须满足生产工艺流程和卫生要求。厂区清洁区与非清洁区应严格分开。

3. 屠宰清洁区与分割车间不应设置在无害化处理间、废弃物集存场所、污水处理站、锅炉房、煤场等建筑物及场所的主导风向的下风侧，其间距应符合环保、食品卫生以及建筑防火等方面的要求。

图3-1 人员/产品进出通道

图3-2 生猪进厂通道

三、环境卫生要求

1. 屠宰和分割车间所在厂区的路面、场地应平整、无积水。主要道路及场地宜采用混凝土或沥青铺设。

2. 厂区内建筑物周围、道路的两侧空地均宜绿化（图3-3）。

图3-3 厂区绿化

3. 污染物排放应符合国家有关标准的要求。

4. 厂内应在远离屠宰与分割车间的非清洁区内设有畜粪、废弃物等的暂存场所，其地面、围墙或池壁应便于冲洗消毒。运送废弃物的车辆应密闭，并应配备清洗消毒设施及存放场所。

5. 生猪接收区应设有车辆清洗、消毒设施。生猪进厂的入口处应设置与门同宽、长不小于3米、深0.1～0.15米，且能排放消毒液的车轮消毒池。生猪入口处车轮消毒池使用1∶200稀戊二醛溶液，每日换水一次。结冰时，用喷雾器对车辆进行喷雾消毒；卸猪后的车辆用水清洗后，用1∶200稀戊二醛溶液喷洒消毒；门卫放行人员确认车辆清洗消毒后方可放行（图3-4，图3-5）。

图3-4　毛猪车进厂消毒池

图3-5　毛猪运输车洗车处

第二节　厂房建筑标准

一、一般规定

1. 屠宰与分割车间的建筑面积与建筑设施应与生产规模相适应。车间内各加工区域应按生产工艺流程划分明确，人流、物流互不干扰，并符合工艺、卫生及检验要求（图3-6，图3-7）。

2. 地面应采用不渗水、防滑、易清洗、耐腐蚀的材料，其表面应平整无裂缝、无局部积水。排水坡度：分割车间不应小于1%，屠宰车间不应小于2%。

3. 车间内墙面及墙裙应光滑平整，并应采用无毒、不渗水、耐冲洗的材料制作，颜色宜为白色或浅色。墙裙如采用不锈钢或塑料板制作时，所有板缝间及边缘连接处应密闭。墙裙高度：屠宰车间应不低于3米，分割车间应不低于2米。

4. 车间内地面、顶棚、墙、柱、窗口等处的阴阳角，应设计成弧形。

5. 顶棚或吊顶表面应采用光滑、无毒、耐冲洗、不易脱落的材料。除必要的防烟设施外，应尽量减少阴阳角。

6. 门窗应采用密闭性能好、不变形、不渗水、防锈蚀的材料制作。车间内窗台面应向下倾斜45度或采用无窗台构造。

7. 成品或半成品通过的门，应有足够宽度，避免与产品接触。通行吊轨的门洞，其宽度不应小于1.2米；通行手推车的双扇门，应采用双向自由门，其门扇上部应安装由不易破碎材料制作的通视窗。

8. 车间内应设有防蚊蝇、昆虫、鼠类进入的设施。

9. 楼梯及扶手、栏板均应做成整体式的，面层应采用不渗水、易清洁材料制作。楼梯与电梯应便于清洗消毒。

10. 车间采暖或空调房间外墙维护结构保温宜满足国家对公共建筑节能的要求。

图3-6 屠宰车间入口门

图3-7 分割车间入口照片

二、宰前建筑设施

1. 宰前建筑设施包括卸猪站台、赶猪道、验收间（包括磅房）、待宰间（包括待宰冲淋间）、隔离间、兽医工作室与药品间等。

2. 卸猪平台宜使用液压方式，且需配置保险装置。赶猪通道宽度应大于1.5米，坡度应小于10%。站台前应设置回车场，其附近应设置洗车区。洗车区应设有冲洗消毒及集污设施。

3. 卸猪站台附近应设验收间，地磅四周必须设置围栏，磅坑内应设地漏。

4. 待宰间应符合下列规定

（1）用于宰前检验的待宰间的容量宜按1～1.5倍班宰量计算（每班按7H

屠宰量计）。每头猪占地面积（不包括待宰间内赶猪道）宜按0.6～0.8平方米计算。待宰间内赶猪道宽度不应低于1.5米。

（2）待宰间朝向应使夏季通风良好，冬季日照充足，且应设有防雨的屋面。四周围墙的高度不应低于1米。寒冷地区应有防寒设施。

（3）待宰间应采用混凝土地面。

（4）待宰间的隔墙可采用砖墙或金属栏杆，砖墙表面应采用不渗水易清洗材料制作，金属栏杆表面应做防锈处理。待宰间内地面坡度应不小于1.5%，并坡向排水沟。

（5）待宰间内应设饮水槽，饮水槽应有溢流口。

5. 隔离圈宜靠近卸猪站台，并应设在待宰间内主导风向的下风侧。隔离间的面积应按照当地猪源的具体情况设置。

6. 从待宰间到待宰冲淋间应有赶猪道相连。赶猪道两侧应有不低于1米的矮墙或金属栏杆，地面应采用不渗水、易清洗材料制作，其坡度应不小于1%，并坡向排水沟。

7. 待宰冲淋间应符合下列规定

（1）待宰冲淋间的建筑面积应与屠宰量相适应。

（2）待宰冲淋间至少设有两个隔间，每个隔间都与赶猪道相连，其走道宽度应不小于1.2米。

三、急宰间、无害化处理间

1. 急宰间宜设在待宰间和隔离间附近。

2. 急宰间如与无害化处理间合建在一起时，中间应设隔墙。

3. 急宰间、无害化处理间的地面排水坡度应不小于2%。

4. 急宰间、无害化处理间的出入口处应设置便于手推车出入的消毒池。消毒池应与门同宽、长不小于2米、深0.1米，且能排放消毒液。

四、屠宰车间

1. 屠宰车间应包括车间内赶猪道、刺杀放血间、烫毛脱毛剥皮间、胴体加工间、副产品加工间、兽医工作室等。

2. 冷却间、二分胴体发货间、副产品发货间应与屠宰车间相连接。发货间应通风良好，并应采取冷却措施。屠宰车间发货台应设置门封。

3. 屠宰车间内室晕、烫毛、脱毛、剥皮及副产品中的肠胃加工、剥皮猪的头蹄加工工序属于非清洁区，而胴体加工、心肝肺加工工序及暂存发货间属于清洁区，在布置车间建筑平面时，应使两个区域划分明确，不得交叉。

4. 屠宰车间以单层建筑为宜，单层车间宜采用较大的跨度，净高不宜低于5米。屠宰车间的柱距不宜小于6米。

5. 室晕前赶猪道坡度不应大于10%，宽度宜仅能通过一头猪为宜，侧墙高度不低于1米，墙上方应设栏杆使赶猪道顶部密封。

6. 屠宰车间内与放血线路平行的墙裙，其高度应不低于放血轨道的高度。

7. 放血槽应采用不渗水、耐腐蚀材料制作，表面光滑平整，便于清洗消毒。放血槽长度按工艺要求确定，其高度应能防止血液外溢。悬挂输送机下的放血槽，其起始段8～10米槽底坡度应不小于5%，并坡向血输送管道。放血槽最低处应分别设血、水输送管道。目前，公司采用不锈钢接血槽，易清洗，污染少。

8. 集血池的容积最小应容纳3H屠宰量的血，每头猪的放血量按2.5升计算。集血池上应有盖板，并设置在单独的隔间内。集血池应采用不渗水材料制作，表面光滑易清洗消毒。池底应有2%坡度向集血坑，并与排血管相接。

9. 烫毛生产线的烫池部位宜设天窗，且宜在烫毛生产线与剥皮生产线之间设置隔墙。

10. 寄生虫检验室应设置在靠近屠宰生产线的采样处。面积应符合兽医卫生检验的需要，室内光线应充足，通风良好。

11. 副产品加工间及副产品发货间使用的台、池应采用不渗水材料制作，且表面光滑，易清洗消毒。

12. 副产品中带毛的头、蹄、尾加工间浸烫池处宜开天窗。

屠宰车间内车辆的通道宽度：单向不应小于1.5米，双向不应小于2.5米。

五、分割车间

1. 分割车间应包括原料二分胴体冷却间、分割剔骨间、分割副产品暂存间、包装间、包装材料间、磨刀间、盒盘清洗间及空调设备间。

2. 分割车间内的各生产间面积应相互匹配，并宜布置在同一层平面上。

3. 原料冷却间设置应与产能相匹配，室内墙面与地面应易于清洗。

4. 原料冷却间内的室温应取0～4℃。

5. 分割车间内的室温应取8～12℃。

6. 包装车间内的室温应取8～12℃。

7. 分割车间、包装间宜设吊顶，室内净高不应低于3米。

六、职工生活设施

1. 工人更衣室、休息室、淋浴室、卫生间等建筑面积，应符合国家现行有关卫生标准、规范的规定，并结合生产定员经计算后确定。

2. 生产车间与生活间应紧密联系。更衣室入口宜设缓冲间和换鞋间。

3. 待宰间、屠宰车间非清洁区、清洁区、分割与包装车间、急宰间、无害化处理间生产人员的更衣室、休息室、淋浴室、卫生间等应分开布置。各区生产人员的流线不得相互交叉。屠宰车间和副产品车间生产人员的更衣室宜单独设置。

4. 卫生间应符合下列规定

（1）应采用水冲式厕所。屠宰与分割车间应采用非手动式洗手设备，并应配备干手设施。

（2）厕所应设前室，与车间应通过走道相连。厕所门窗不得直接与生产操作场所相对。

（3）厕所地面和墙裙应便于清洗。

（4）更衣室与厕所、淋浴间应设有直通门相连。更衣柜应符合卫生要求，鞋靴与工作服要分开存放（图3-8）。更衣室应设有鞋靴清洗消毒设施。

（5）分割车间宜在消毒通道后设置风淋室（图3-9）。

图3-8　个人物品存放柜

图3-9　风淋室

第三节　给水、排水标准

一、给水与热水供应

1. 屠宰与分割车间生产用水应符合现行国家标准《生活饮用水卫生标准》的要求。

2. 屠宰与分割车间的给水应根据工艺及设备要求保证有足够的水量、水压。屠宰与分割车间每头猪的生产用水按0.4～0.6立方米计算。

3. 屠宰与分割车间根据生产工艺流程的需要，在用水位置应分别设置冷、热水管。清洗用热水温度不宜低于40℃，消毒用热水不应低于82℃，消毒用热水管出口宜配置温度指示计。

4. 屠宰与分割车间内应配备清洗墙裙与地面用的高压清洗设备和软管，各软管接口间距不宜大于25米。

5. 屠宰与分割车间生产用热水应采用集中供给方式，消毒用82℃热水可就近设置小型加热装置二次加热。热交换器进水宜采用防结垢装置。

6. 屠宰与分割车间内洗手池应根据《肉类加工厂卫生规范》及生产实际需要设置，洗手池水嘴应采用自动或非手动式开关，并配备有冷热水。

7. 急宰间及无害化处理间应设有冷热水管及消毒用热水管。

8. 屠宰与分割车间内应设计量设备并有可靠的节水、节能措施。

9. 屠宰车间待宰圈地面冲洗可采用污水处理站中水作为水源，中水管需做标记，以免误饮、误用。

二、排水要求

1. 屠宰与分割车间地面不应积水，车间内排水流向宜从清洁区流向非清洁区。

2. 屠宰与分割车间地面排水应采用明沟或浅明沟排水，分割车间地面宜采用地漏排水。

3. 屠宰车间非清洁区内各加工工序的轨道下面应设置带盖明沟。明沟宽度为300～500毫米，清洁区内各加工工序的轨道下面应设置浅明沟，待宰间及回车场洗车区地面应设有收集冲洗废水的明沟。

4. 屠宰车间与分割车间室内排水沟与室外排水管道连接处，应设置水封装置，水封高度不应小于50毫米（图3-10）。能够封闭下水道里的气味，起隔离的作用。

5. 排水浅明沟底部应呈弧形。深度超过200毫米的明沟，沟壁与沟底部的夹角宜做成弧形，上面应盖有使用防锈材料制作的箅子。明沟出水口宜设置金属隔栅，并有防鼠、防臭的设施。

图3-10　水封装置

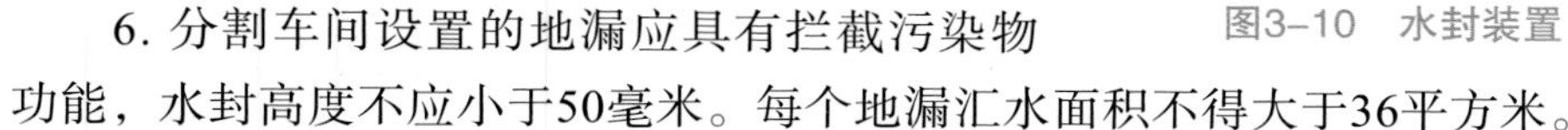

6. 分割车间设置的地漏应具有拦截污染物功能，水封高度不应小于50毫米。每个地漏汇水面积不得大于36平方米。

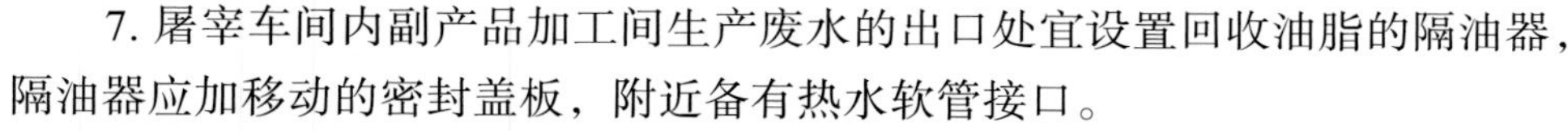

7. 屠宰车间内副产品加工间生产废水的出口处宜设置回收油脂的隔油器，隔油器应加移动的密封盖板，附近备有热水软管接口。

8. 肠胃加工间翻肠池排水应采用明沟，室外宜设置截粪井或采用固液分离机处理粪便及有关固体物质。屠宰车间截留的粪便及污物宜采用装置输送至暂存场所。

9. 屠宰与分割车间内排水管道均应按现行国家标准《建筑给水排水设计规范》的有关规定设置伸顶通气管。

10. 屠宰与分割车间内各加工设备、水箱、水池等用水设备的泄水、溢流管不得与车间排水管道直接连接，应采用间接排水方式。

11. 屠宰与分割车间内生产排水管道管径宜比经水力计算的结果大2～3号。屠宰车间排水干管管径不得小于250毫米。输送肠胃粪便污水的排水管道管径不得小于300毫米。屠宰与分割车间内生产排水管道最小坡度应大于0.5%。

12. 屠宰车间与分割车间室外排水管干管管径不得小于500毫米。室外排水如采用明沟，应设置盖板。

13. 屠宰与分割车间的生产废水应集中排放至厂区污水处理站进行处理，处理后的污水应达到国家及当地有关污水排放标准的要求。

急宰间及无害化处理间排出的污水在排入厂区污水管网之前应进行消毒处理。

第四节　采暖通风与空气调节

一、采暖通风

1. 屠宰车间应尽量采用自然通风，自然通风达不到卫生和生产要求时，可采用机械通风或自然通风与机械联合通风。通风次数不宜小于6次/H。

2. 屠宰车间的浸烫池上方应设有局部排气设施，必要时可设置驱雾装置。

3. 分割车间及分割包装车间空气调节室内计算温度取值8～12℃。

4. 凡在生产时常开的门，其两侧温差超过15℃时，应设置空气幕或其他阻隔装置。

5. 制冷机房的通风设计应符合下列要求

（1）制冷机房日常运行时应保持通风良好，通风量应通过计算确定，且通风次数不应小于3次/H。当自然通风无法满足要求时，应设置日常排风装置。

（2）氟制冷机房应设置事故排风装置，排风换气次数不应小于12次/H。氟制冷机房内的事故排风口上沿距室内地坪的距离不应大于1.2米。

（3）氨制冷机房应设置事故排风装置，事故排风风量不应小于34 000米^3/H。氨制冷机房内的排风口应位于侧墙高处或屋顶。

（4）制冷机房的排风机必须选用防爆型。

（5）制冷机房内严禁明火采暖。设置集中采暖的制冷机房，室内设置温度不应低于16℃。

二、空气调节

1. 空气调节系统的新风口（或空调机的回风口）处应装有过滤装置。

2. 在采暖地区，待宰冲淋间、窒晕刺杀放血间、浸烫剥皮间、胴体加工间、副产品加工间、急宰间等冬季室内计算温度应与夏季空气调节室内计算温度相同。

3. 屠宰车间及分割车间包装间的防烟、排烟设计，应按照现行国家标准《建筑设计防火设计规范》执行。

第五节　蒸汽与锅炉房

一、蒸汽的来源

屠宰车间及分割车间蒸汽来源宜采用市政热力供应或燃气锅炉供应。

二、锅炉房的设计

1. 位置的选择

（1）应靠近热负荷比较集中的区域。

（2）应便于引出管道，并使室外管道的布置技术、经济上合理。

（3）应有利于自然通风和采光。

（4）锅炉房宜为独立的建筑物，当需要和其他建筑物相连或设置在其内部时，严禁设在人员密集场所和重要部门的上面、下面、贴邻和主要通道的两旁。

2. 燃气锅炉的相关设计

（1）燃气锅炉的选择，应根据气体燃料的物性、布置的特点等因素确定。

（2）燃气锅炉房的设计，应对气体燃料的易爆性、毒性和腐蚀性等采取有效措施。

（3）燃气质量要求、贮配、净化和调压站设计等，应符合现行国家标准《城市燃气设计规范》的有关规定。

（4）锅炉房内燃气管道不应穿过易燃或易爆品仓库、配电室、变电室、电缆沟、通风沟、风道、烟道和易使管道腐蚀的场所。

（5）在引入锅炉房的燃气母管上，应装设总关闭阀，并装设在安全和便于操作的地点。

（6）当燃气质量不能保证时，应在调压装置前或在燃气母管的总关闭阀前设置除尘器、油水分离器和排水管。

（7）锅炉房应设计燃气检测报警及紧急切断系统。

（8）燃气锅炉属于特种设备，需定期检验。

3. 锅炉给水和水处理

（1）水的软化处理设计应符合锅炉安全和经济运行的要求。

（2）给水泵应设置备用水泵，以保证供水连续、安全。

4. 蒸汽管路设计

（1）主蒸汽管路及分支管路上应设置蒸汽流量计。

（2）主蒸汽管路末端应设置分汽缸，并配置压力表。

（3）需要减压的使用点需同时设置减压阀和安全阀，并配置压力表。

第六节 污水处理

一、一般规定

1. 屠宰与肉类加工企业废水治理工程的建设应符合当地有关规划，合理确定近期与远期、处理与利用的关系。

2. 屠宰与肉类加工企业应积极采取节能减排及清洁生产技术，不断改进生产工艺，降低污染产生量和排放量，防止环境污染。

3. 出水直接向周边水域排放时，应按照国家和地方有关规定设置规范化排污口。排放水质应满足国家、行业、地方有关排放标准规定及项目环境影响评价审批文件的有关要求。

4. 应根据屠宰和分割的加工厂的类型、建设规模、当地自然地理环境条件、排水去向及排放标准等因素确定废水处理工艺路线及处理目标，力求经济合理、技术先进可靠、运行稳定。

5. 主要废水处理设施应设检修排空设施，排空废水应经处理后达标外排。

6. 屠宰与肉类加工废水处理工艺应包含消毒及除臭单元。

7. 污水处理站应按照《污染源自动监控管理办法》和地方环保部门有关规定安装污水在线检测设备。

二、设计规模和项目构成污水运行工艺图

1. 设计规模应根据生产工艺类型、产量及最大生产能力条件下的排水量综

合考虑后确定。

2. 污水处理工程主要包括处理构筑物、工艺设备、配套设施以及运行管理设施。

3. 污水处理工艺主要包括预处理、生化处理、深度处理、恶臭污染处理及污泥处理（图3-11）。

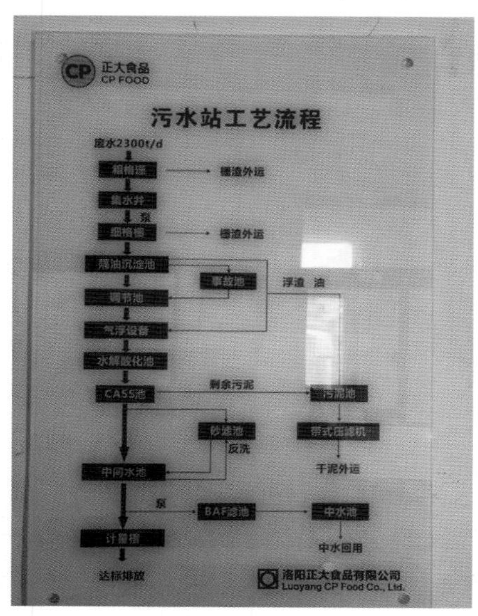

图3-11 污水站工艺流程

4. 工艺设备主要包括机械隔栅、污水泵、三相分离器、曝气风机、曝气机、污泥脱水机等。

5. 配套设施包括供配电、给排水、消防、通信、暖通、检测与控制、绿化等。

6. 运行管理措施包括办公用房、分析化验室、库房、维修车间等。

三、平面布置

1. 应根据污水处理工艺流程和各构筑物的功能要求，综合考虑地形、地质条件、周围环境、建构筑物及各设施相互间平面空间关系等因素，在满足国家现行相关技术规范基础上，确定污水治理工程总体布置。按远期总处理规模预留场地并注意近远期之间的衔接（图3-12）。

2. 污水治理工程应独立布置在厂区主导风向的下风向，各处理单元平面布置尽量紧凑，力求土建施工方便，设备安装、各类管线连接简捷且便于维护管理。

3. 工艺流程、处理单元的竖向设计应充分利用场地地形，以符合排水通畅、降低能耗、平衡土方等方面要求。

4. 应设置管理及辅助建筑物，其面积应结合处理工程规模及处理工艺等实际情况确定。

5. 应根据需要设置存放材料、药剂、污泥、废渣等场所，不得露天堆放。

图3-12　污水处理站示意图

四、工艺设计

1. 工艺选择应以连续稳定达标排放为前提，选择成熟、可靠的污水处理工艺。

2. 应根据污水的水量、水质特征、排放标准、地域特点及管理水平等因素确定工艺流程及处理目标。

3. 在达标排放的前提下，优先选择低运行成本、技术先进的处理工艺。处理工艺过程尽可能做到自动控制。

4. 屠宰与肉类加工污水处理应采用生化处理为主、物化处理为辅的处理工艺，并按照国家相关政策要求，因地制宜地考虑污水深度处理及再用。

5. 污水处理工艺示意图（举例说明）（图3-13）。

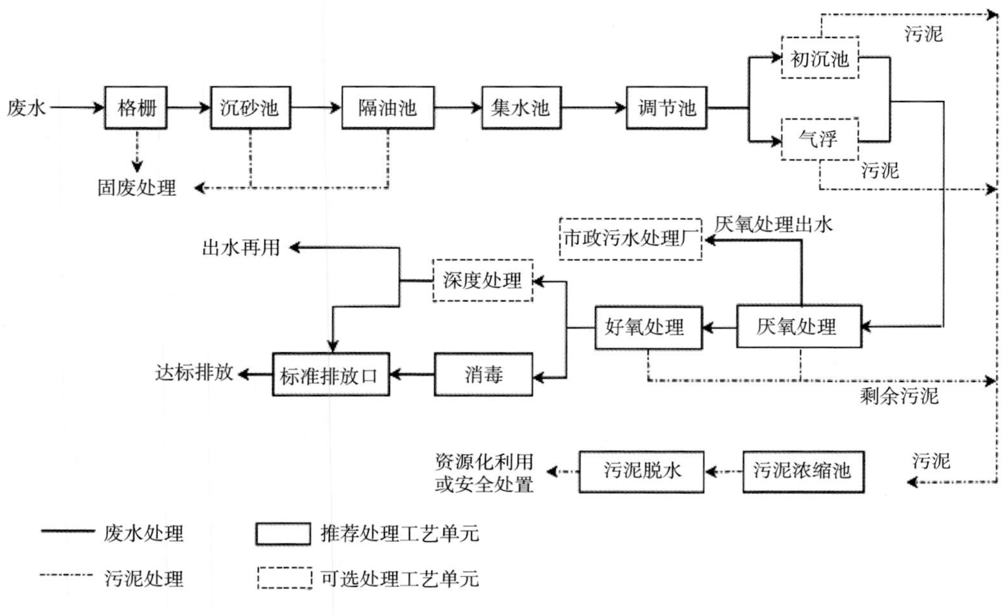

图3-13　污水处理工艺

第七节　生猪屠宰主要加工设备

猪屠宰加工设备是保证猪产品的卫生质量，提高劳动生产效率，降低劳动强度，保证安全生产、文明生产的重要生产工具。

一、卸猪平台（图3-14）

液压卸猪台可以轻松的将猪从卡车的一、二、三层卸下，平衡行走进入待宰圈，同时两侧设有栏杆，有效地防止猪只摔伤。根据工厂的实际情况，设定卸猪平台的坡度（基本为小于等于20度）、宽度。

二、窒晕设备

随着社会的进步、人民生活水平的不断提升，人们对肉类的消费需求已经由数量向质量转变，对猪肉的品质要求也在进一步提升。目前，国际市场动物产品消费已进入安全、健康时代，国内对动物性食品的卫生安全要求也越来越高，不仅关注肉品的安全，而且对营养、口感的关注也有所增加。生猪宰前应激会使猪肉保水性降低，导致白肌肉和黑干肉产生。合理的宰前管理可以适当提升猪肉品质。窒晕设备可使生猪暂时丧失知觉、处于昏迷状态，以便刺杀放血，有利于保持周围环境的安静以及提高肉品的卫生质量（图3-15）。目前，国内采用的窒晕方式有麻电晕、二氧化碳麻醉法。

图3-14 卸猪平台

图3-15 击晕机

1. 麻电窒晕　电力击晕法也就是通常所说的“麻电”，麻电时电流通过猪的脑部，造成实验性癫痫状态，猪心跳加剧，故能得到良好的放血效果，麻电效果与电流强度、电压大小、频率高低以及作用时间都有很大的关系，采用低压高频电流电击其额部可获得较好的麻电效果，肌肉出血可大大减少。

2. 二氧化碳击晕　二氧化碳（CO_2）窒息机窒晕的原理是让生猪在缺氧条件下不知不觉地窒晕，既能满足动物宰前福利的要求，又可以提升或改善肉品品质。在实际操作过程中，CO_2浓度基本设定为88% ± 1%，将窒晕时间设定为（150 ± 5）秒，窒昏后的猪呈昏迷状态，心脏跳动，四肢微动。

3. 不同击晕方式对猪肉品质的影响　专家通过CO_2击晕与电击晕试验对比，从试验的血液指标和肉质指标数据来看，采用CO_2击晕动物应激反应小，产生的猪肉品质（剪切力和肉色等）指标较好，失水率较小，保水性较高。

三、升降传送设备

升降设备是将猪屠（胴）体提升和降落，以进入下道操作工序的设备，提升机用于毛猪和白条肉的提升，故有毛猪提升机和白条肉提升机之分。提升毛猪，将链子套住窒晕后猪屠体的一只后脚，提升白条肉，则将撑挡插进猪屠体两后脚戳刀处，然后将链子或撑挡挂到滚轮钩上，由推动臂推动滚轮前进将猪屠体提升（图3-16）。

图3-16　升降设备

四、浸烫设备

在屠宰生猪过程中，浸烫去毛是一项重要的工序。随着科学技术的发展，先后研制出各种类型的烫毛设备，国内的烫毛设备主要分为人工推烫式、机械摇烫式、运河式、隧道式4种方式，其中，大型屠宰厂均采用运河式或者隧道式烫毛。

1. 人工推烫式　人工推烫式是我国最传统的烫毛方式，主要由烫毛池、温度显示和控制装置组成。生产时，前道生猪卸下掉入烫毛池后，由1～2名员工使用长柄工具对猪进行翻滚和推进，充分浸烫后，进入打毛环节。烫毛时水温一般控制在58～63℃，烫毛时间3～6分钟，要求操作员工根据生猪大小、品种、季节、烫毛效果等调整打毛时间和温度。

人工推烫式的优点是：设备简单，投入较少，中小屠宰企业方便投入使用；实际操作灵活，能够较好控制烫毛效果；用热水进行烫毛，温度比较均匀，烫毛效果好，利于后序打毛操作。缺点为：工人劳动强度大，生产效率偏低，不利于工业化生产；烫毛效果判断需要凭经验，人为因素对产品影响较大；烫毛池中热水反复使用，会造成胴体的交叉污染。

2. 机械摇烫式　机械摇烫式是在人工推烫式的基础上进行改进而来的，主要是在烫毛池中增加一台摇烫机，通过摇烫机推进臂的循环摆动推进猪体进行浸烫（图3-17）。该烫毛方式的温度和时间设置与人工推烫式类似，在实际生产中也需要根据生猪情况、季节和烫毛效果等对打毛时间和温度进行调整。

机械摇烫式的优点主要是：在满足烫毛要求的同时，减少了工人的劳动强度，一定程度上提高了工作效率。缺点是：烫毛效果判断需要凭经验，人为因素对产品影响较大；烫毛池中热水反复使用，会造成胴体的交叉污染。

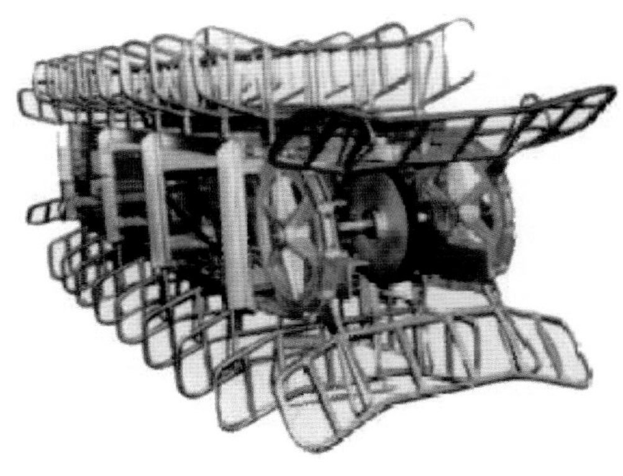
图3-17 毛猪摇烫机

3. 运河式　运河式烫毛法是在烫池内安装一条自动线轨道，猪屠体在可控升降的导轨牵引下，进入烫池（图3-18）。在浸烫过程中，猪屠体被悬挂输送机拖动在浸烫池中行进，完成浸烫后再提升至脱毛机前的落猪装置处，整个浸烫过程无须人工操作，基本实现了生产线机械化加工。对于运河式烫毛池的设计，要充分考虑猪屠体在浸烫池中的运行时间。烫毛池如果设计不合理，将会影响烫毛质量或肉品品质（烫池太短，烫毛程度不够，影响刮毛时的脱毛效率和质量；烫池太长，大大延长了猪在烫池中行进的时间，造成肌肉温度偏高，增加白肌肉的比例，甚至造成刮毛时出现皮肉破损现象）。此外，运河式烫毛最好采用不锈钢材料制作，池壁内夹保温材料。浸烫池底部应有坡度，并坡向排水口。烫池内除设补水管、溢流管外，还需增设一个水循环装置，强制循环水流方向与屠体在烫池内行进方向相反，在进行水温均匀度调节的同时，还可以控制屠体脱钩。运河式烫毛水温控制沿袭传统烫池的思路，一般控制在58～63℃，烫毛时间3～6分钟，实际操作中要根据生猪大小、品种、季节、烫毛效果等调整打毛时间和温度。

运河式烫毛法是国外20世纪70年代采用的工艺。其封闭式的运河式烫池，温度稳定、均匀，烫毛效果好，可降低能源消耗和减少工人劳动强度，克服了传统烫毛，刮毛操作困难，生产不连续等缺点，既干净卫生，又提高了生产效率。但是这

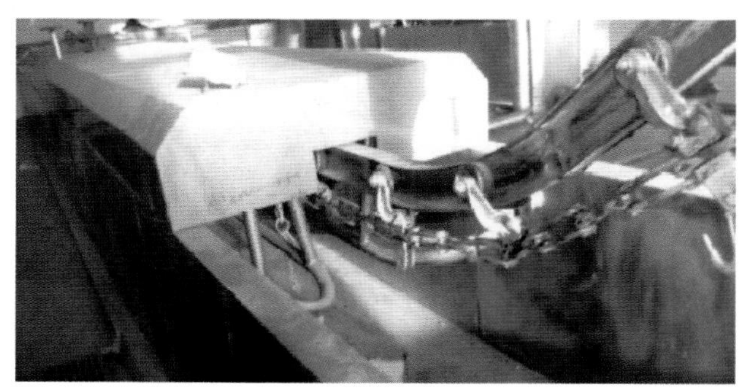
图3-18 运河式烫毛法

种烫毛工艺仍沿袭着传统的“热水混烫”模式，其最大的缺点是容易造成交叉感染。

图3-19　冷凝蒸汽式烫毛机

4. 冷凝蒸汽式烫毛　目前国内引进的设备主要以丹麦SFK、荷兰MPS等为主，其主要形式是蒸汽和热水结合烫毛。烫毛的温度一般为59～62℃，烫毛时间6～8分钟，实际操作中根据生猪大小、品种、季节、烫毛效果等调整打毛时间和温度（图3-19）。

冷凝蒸汽烫毛突出的优点是：改变了传统烫毛方式，避免了交叉感染；实现了烫毛、打毛环节的连续性，大大提高了生产效率；符合国家对屠宰行业规模化、现代化的要求，是国际屠宰行业的发展趋势。

五、脱毛机

脱毛机与烫毛工艺匹配有两种设备：与人工推烫式、机械摇烫式配合的液压生猪脱毛机和与运河式、隧道式配合的U型旋转生猪脱毛机。

1. 液压生猪脱毛机（图3-20）　包括机体、设置在机体内部的软刨轴和刨毛滚筒、捞耙机构，机体的一侧设置有电机和液压系统，刨毛滚筒包括大刨毛滚筒和小刨毛滚筒，电机分别通过减速器直接与软刨轴和大刨毛滚筒连接，小刨毛滚筒通过链轮传动机构与连接大刨毛滚筒的减速器连接，液压系统通过一个升降机构与软刨轴连接，并直接与捞耙机构连接；软刨轴上设置有多个可调节、且交错排布的打毛板。该设备主要利用生猪被打毛板带动和猪体重量的压力下翻滚，打毛板与猪体、猪体与猪体之间相互摩擦，在翻滚过程中与打毛板上的金属片因摩擦力将猪毛刮落，进猪、出猪动作均由人工操作设备外置手柄实现。此类设备效率较低，自动化程度、脱毛效果较差。

2. U型旋转生猪脱毛机（图3-21）　该设备主要由电机、减速机、转轴、挡板、刮毛板和喷淋系统组成，当生猪经过烫毛工艺后滑入打毛机内，打毛机内转轴及转轴上的打毛板由电机带动旋转，生猪被打毛板带动和猪体重量的压力下翻滚，在翻滚过程中与打毛板上的金属片因摩擦力将猪毛刮落，在此过程中设备顶部喷淋系统持续喷洒温水，既保持猪体表湿度防止毛孔收缩，同时清除体表脱落的毛发和污血等。进猪是由脱钩器将生猪卸下掉入脱毛机内，出猪是由设备转轴的坡度、猪体自重和后续进猪的推力将毛猪送出脱毛机。脱毛机一般设置相连两台，旋转方向相反，保证最大程度将猪毛脱落干净。此类设备完全实现自动化脱毛，且效率极高、脱毛效果好。

图3-20　液压生猪脱毛机　　　图3-21　U型旋转生猪脱毛机

六、自动火焰燎毛机

火焰燎毛机（图3-22）可根据要求的屠宰线产能配备44、68、88或132个燃烧头，燃烧头数量和高度取决于生猪品种、大小和链速。以300头/H链速、猪体长度1.5～1.7米和猪体重量70～140千克为例，可选择44燃烧头的火焰燎毛机，但是可以每排只采用7个燃烧头，总共采用28个燃烧头，减少燃烧点节约燃气，最高处燃烧头与轨道高差应控制在55～70厘米范围内。该设备自动感应猪体进入，将脱毛后的生猪胴体表面残余的少量猪毛利用火焰处理干净，同时达到杀菌的作用。

燃烧时间与冬夏季猪毛情况和猪体表发黄程度有关：夏季猪毛易脱落，为节省燃气和降低发黄情况可将时间设定在1.5～2.5秒；冬季猪毛换季导致猪毛残留较多时，可适当延长燃烧时间至3～4秒，因延长燃烧时间可能导致猪体表发黄程度较深，因此燃烧时间需要根据市场接受程度做出适当调整。燃烧废气因温度较高会对上方链条和轨道造成损伤，因此，燎毛机一般附带水降温系统，吸收热量后的水可用于后端胴体清洗按摩机，节约水资源。初步经过水降温系统的废气仍带有一定的温度，可在厂房顶部排气口安装吸热设备，吸收的热量可用于冷水升温，升温后的水可以供给生产线热水系统，实现再次节能效果。

七、自动开膛开腹机（图3–23）

猪胴体进入该设备后，机器经扫描定位后，自动检测猪体外表尺寸，通过程序控制自动将猪体的耻骨及胸腹部切开，便于下一步摘取内脏。

图3–22　火焰燎毛机

图3–23　自动开膛开腹机

八、自动劈半锯（图3–24）

劈半是将猪胴体开劈成两片，该设备自动检测猪体长度，将扁担钩锁定在中间线，利用锯片将猪体沿脊椎骨一分为二，以便运输、储存和销售。

九、自动撕板油机（图3–25）

该设备利用抽真空原理吸附猪体内部板油并撕扯下来，提高工作效率并极大降低了工人劳动强度。

图3–24　自动劈半锯

图3–25　自动撕板油机

十、冲洗设备

为了清洗猪在窒晕、刺杀放血后体表上带有的血污和粪便以及开膛后猪胴体内的血污和体表上的其他污物，以减少污染和提高片猪肉的卫生质量，在屠宰加工过程中装置一些冲洗设备，提高冲洗效果。现介绍几种清洗设备。

1. 立式洗猪机　立式洗猪机装在刺杀放血后、浸烫之前的自动传送轨道线上。当放血后猪屠体在自动传送带牵引下依序进入该机时，开启喷水管、在水的冲淋和轴软刷的刷洗下，猪屠体表面的血污和其他污物被洗掉（图3-26）。

2. 冲淋装置　此装置可以安装在去内脏之后、劈半后、去槽头前，可以有效地冲洗猪体腔内的血污、骨屑、肉屑、槽头血污，并可使片猪肉降温。

3. 胴体拍打机　又称胴体拍打清洗机（图3-27），是生猪屠宰加工线燎毛工序的必备设备，对燎毛后的猪胴体进行喷淋、拍打、去除毛、血等污物，同时使猪胴体处于原始放松状态，纹理和肉质得到理顺和改善，提高肉品质量和档次。

图3-26　立式洗猪机

图3-27　胴体拍打机

十一、扁担钩

扁担钩是生猪屠宰加工中用于吊挂白条肉的专用设备，常用的有不锈钢撑挡和普通撑挡。使用时，将撑挡两端的挂钩插入猪后腿上扶正猪屠体即可。

十二、吊脚器

吊脚器是生猪放血线上用于套、挂猪腿的专用器件，有链条式、也有钢丝绳式。

十三、辅助设备

1. 平板推车　用于分割肉输送，主要材料为304级不锈钢方管、不锈钢板和标准转向轮（图3-28）。

2. 标准肉斗车（桶车）　用于分割肉输送，主要材料为304级不锈钢板和标准转向轮（图3-29）。

图3-28　平板推车

图3-29　桶车

3. 预冷架车　用于分割肉预冷，主要材料为304级不锈钢方管、不锈钢板和标准转向轮。

第四章　生猪采购管理

第一节　生猪采购流程

一、生猪购销进厂的流程

确定收购对象→制定收购计划→确定猪只→报价、议价→定价→报批→报检→校磅→分级赶猪→过磅→开检疫票→装猪→运输→进厂→交猪→尿检→生猪验收→生猪过磅→入圈静养→屠宰加工→结算→分析总结。

二、具体流程

1. 确定收购计划　每月初收集区域合作猪场肥猪下月出栏计划，通报给毛猪购销人员。

2. 确认品种　二元、三元、良种、良杂等（图4-1）。

好的外三元猪标准：头小、腮细、背宽、膘薄、弓背、吊肚、四肢粗壮、臀部丰满结实。

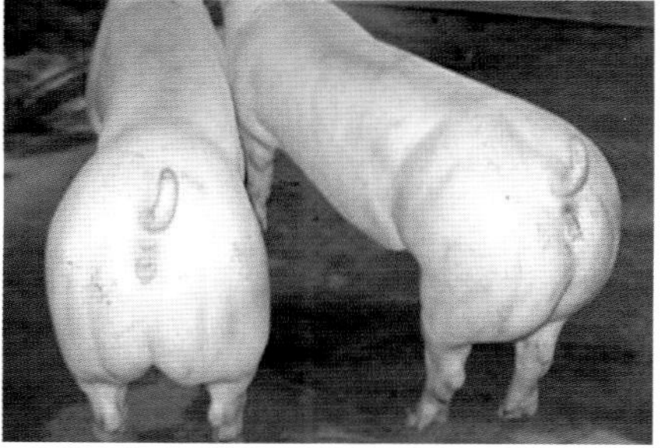

图4-1　选择品种

3. 确定数量　毛猪购销场次出栏计划确定后，毛猪购销人员向驻猪场场长（或技术员）确认具体出栏数量。

4. 确定标准　驻猪场场长（或技术员）在进行圈舍内根据毛猪收购标准（95～125千克）目测符合标准的打上自喷漆，目测不准的，在选猪前称5头110千克左右的猪作为参考标准。

5. 确认毛猪安全

（1）与驻场场长（或技术员）确认出栏前45天是否有药物添加，是否过休药期。

（2）毛猪业务员查看猪场用药记录（图4-2）。

（八）防疫监测记录

采样日期	圈舍号	采样数量	监测项目	监测单位	监测结果
9.15	[illegible]	30	猪瘟 蓝耳	[illegible]	合格

（七）诊疗记录

时间	畜禽标识编码	圈舍号	日龄	发病数	病因	诊疗人员	用药名称
9.2		分娩	10	2	[illegible]		[illegible]

（六）免疫记录

时间	圈舍号	存栏数量	免疫数量	疫苗名称	疫苗生产厂	批号（有效期）	免疫方法	免疫剂量
9.20	保育		137	[illegible]	[illegible]	2016.10.31	肌注	[illegible]
10.1	分娩		57	口蹄疫	[illegible]	[illegible]	肌注	[illegible]

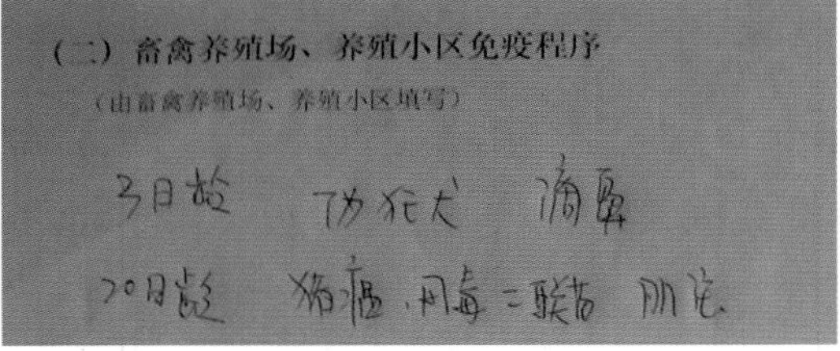
（二）畜禽养殖场、养殖小区免疫程序

（由畜禽养殖场、养殖小区填写）

3日龄　[illegible]　滴鼻

70日龄　[illegible]　肌注

图4-2　用药记录

（3）看体表：是否异常（肿瘤、未阉猪、疝气、红黑花猪、红斑、晚阉猪）。

（4）看猪蹄：蹄部是否异常，是否康复猪（蹄甲发黑、脱落）。

6. 确认装猪时间　根据运输距离及屠宰厂屠宰开始时间，确定猪场装猪时间，驻场场长（或技术员）确定开始控食时间（控食时间为8小时）。

7. 确定发车时间

（1）在收集所有用车信息后合理优化车辆线路并进行车辆调度：告知司机目的地、装猪头数、发车时间、装猪时间、联系人。

（2）发车时间的计算方法为：发车时间=装猪时间-1小时（非高速行驶时间）-距离/速度（80千米/时）。

第二节　生猪收购标准

一、公司采购生猪的品种

纯正的外三元猪为主（图4-3，图4-4）。

二、体重标准

要求90千克≤单只生猪体重≤130千克。毛猪整车均重不得小于100千克。

图4–3　规模场以品系纯正的外三元猪为主（良种）

图4–4　散户以混合的三元猪为主（良杂）

三、公猪、花猪、棕（红）猪、残猪（图4-5至图4-7）

1. 公猪　未经阉割带有睾丸的猪，即为公猪，判断时观察两侧睾丸和附睾。

2. 花猪　黑毛面积大于40%，为黑猪；黑毛面积小于40%，为花猪。

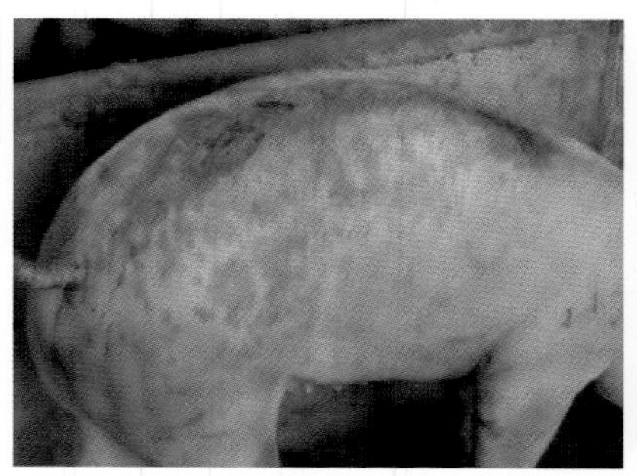

图4-5　仅仅是皮肤有色斑，为正常猪

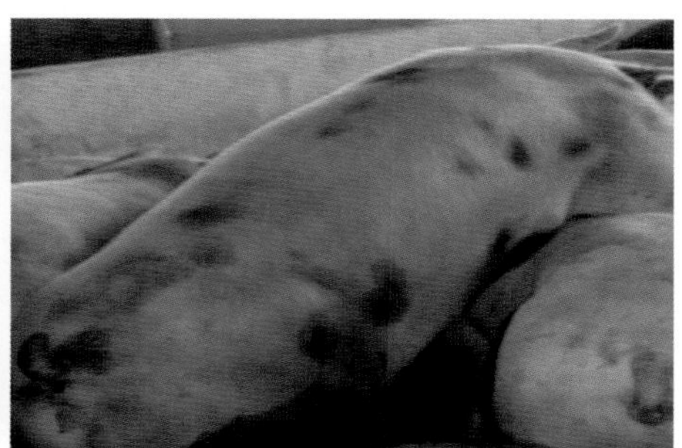

图4-6　黑色的毛，为花猪

3. 红猪　全身大部分部位均为红色可判定为红猪。

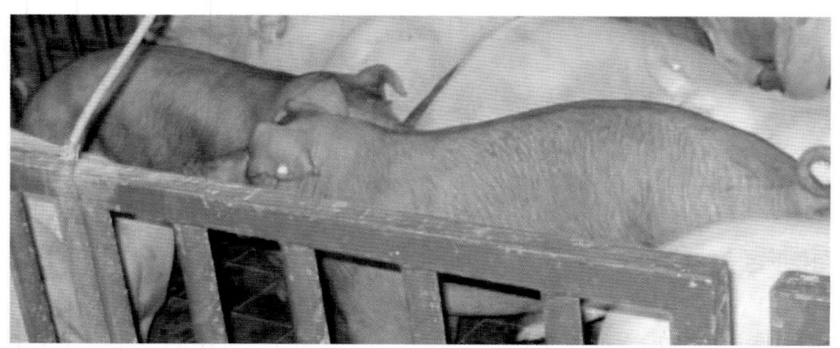

图4-7　红　猪

4. 残猪

（1）定义：因叉裆、断骨或其他原因导致加工的白条或分割产品大面积不能正常使用，生猪不能够行走者视为重残；生猪不能够正常行走，对产品质量有一定影响的，视为轻残。

（2）产生原因：毛猪在装车时对猪产生一定程度的应激以及运输过程中挤压，同时卸车时毛猪应激、猪腿劈叉都会导致残猪的出现。

四、鞭伤、内脏病变定义及处理原则

1. 鞭伤　因长途运输、碰撞、击打等外来因素造成的猪体皮肤上呈现的条状或片状的表皮淤伤（图4-8）。

2. 判定方式　屠宰后，在对白条定级时进行鞭伤的判定。依据鞭伤的等级确定扣罚标准。

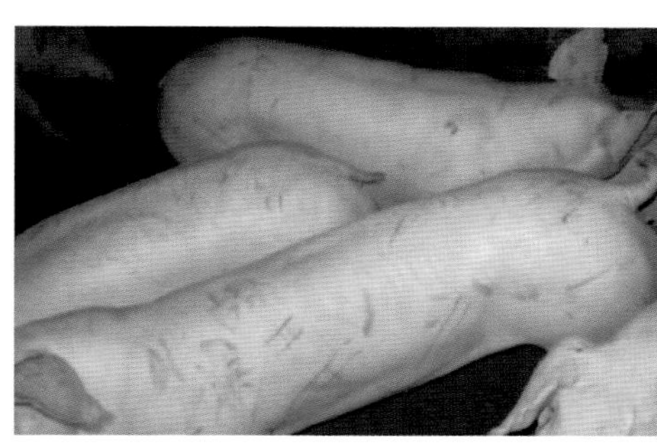
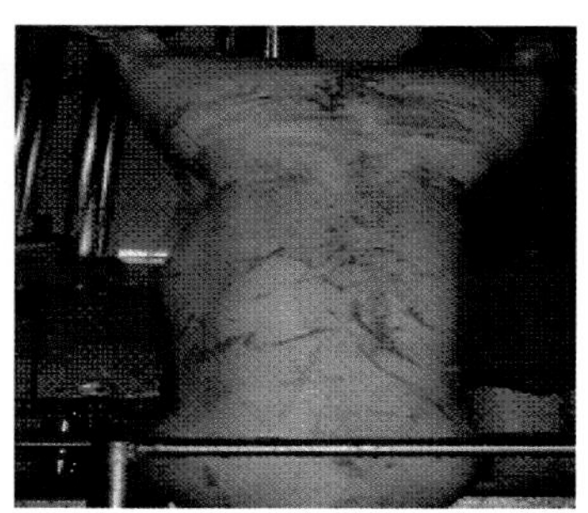

图4-8　有鞭伤的猪

五、拒收的毛猪

1. 来自疫区的生猪。

2. 用装载过有毒物质、挥发性油类物质的车辆进行运输的生猪。

3. 患有国家规定的炭疽、猪瘟、猪丹毒等患病的生猪。

4. 途中死亡的生猪，尿检呈阳性的生猪，注水、注泥沙的生猪，无耳标或者耳标不符合要求的生猪。

5. 按照《无害化处理操作规范》，不合格生猪不许出厂，应按照相关规定进行处理。

第三节　生猪运输管理

一、运输车辆的消毒

到达养殖场后，按照养殖场要求对车辆进行全面消毒，消毒面积要覆盖车辆全部，尤其要注意轮胎及箱体外部容易和养殖场接触到的地方（图4-9，图4-10）。

图4-9　轮胎消毒

图4-10　后门消毒

二、装车和运输的控制要点

1. 装车控制要点

（1）司机和装猪人员配合装车，打格时只能打单格不允许打通格；在猪只上车过程中注意观察猪只状态，凡是有应激、濒临死亡的猪只要求不准上车。装车时，保证猪只之间不会出现挤压情况。装车时，应遵循从里到外，从下到上的原则，依次将车辆猪笼装满；装猪时间控制在1分钟装1头猪。

（2）夏季气温高，在装猪时必须用水管不间断对猪只冲淋，给猪只降温（图4-11），并降低装猪密度，保证猪只间的通风。

图4-11　猪只降温

（3）冬季加快装猪速度，减少猪只在车辆中等待时间。若气温过低，则需在车辆每层铺设草垫、锯末防止猪只冻死、冻伤。

2. 运输的控制要点

（1）开始运输时，司机要根据具体路况具体分析；总体路线的选择应遵从多观察、多分析；多平缓、少颠簸；多平原、少上下坡；多郊区、少城镇的原则。选择较为平缓的路线，避免坑洼路段及施工路段，减少毛猪的颠簸和上下坡造成的挤压。选择线路要避开城镇道路和其他大型养殖场，多选择人员分布较少的路线，保证运输过程中的生物安全。

（2）开始起运时，控制车速慢行，缓慢提速，避免猪只挤压和应激。乡村道路行驶时保证匀速，速度不得超过20千米/时；县道行驶速度不得超过30千米/时；省道行驶时最高速度不能超过50千米/时。

（3）行驶至高速公路以后，缓慢将车辆速度提高至80千米/时并匀速行驶，最高速度不能超过90千米/时。保证车辆行驶中不超速，确保猪只状态稳定，减少挤压造成的死亡。

第五章　生猪到厂的管理

第一节　宰前管理

生猪在运往屠宰厂过程中，由于外界环境和生活条件发生了变化，同时往往缺乏饮水，因而生理上会受到较大扰乱，身体处于疲惫状态，抵抗疾病能力下降，势必影响肉的品质。因此，生猪进厂后的宰前时间管理是十分重要的，是屠宰加工过程中全面质量管理的重要一环。

毛猪到厂拒收管理：①不在集团养殖场备案目录内的；②无证、证件不全或者证物不符的；③使用有毒有害物质的（如含盐酸克伦特罗、莱克多巴胺等）；④染疫或者疑似染疫的；⑤病死或者死因不明的；⑥灌水、注水或者注入其他物质的。

一、宰前检疫

1. 查验票证（图5-1）　当生猪由产地运到屠宰厂后，在未卸下车之前，公司检验人员先向货主查阅并回收《动物产地检疫合格证明》或《出县境动物检疫合格证明》《××瘦肉精抽检证明》，查验防疫耳标。一车至少一证，不能多车一证，省外收购生猪须出具《车辆消毒证明》。证票不合格、车辆与运输不符合要求不予进厂。

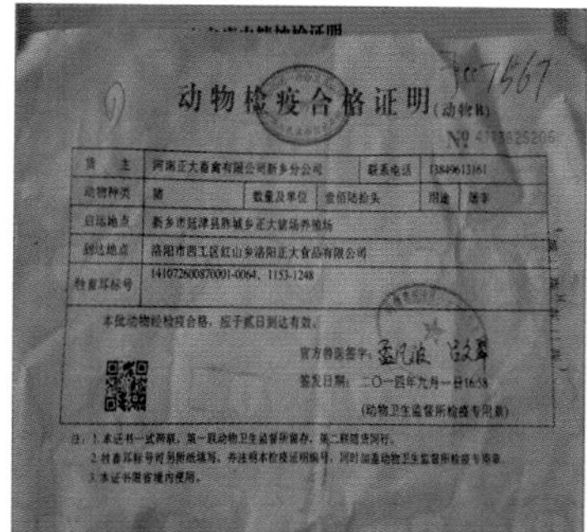
动物检疫合格证明（动物B）

货主	河南正大畜禽有限公司新乡分公司		联系电话	[illegible]	
动物种类	猪	数量及单位	[illegible]	用途	屠宰
启运地点	新乡市延津县胙城乡正大猪场养殖场				
到达地点	洛阳市西工区红山乡洛阳正大食品有限公司				
牲畜耳标号	141072600870001-0064、1153-1248				

本批动物经检疫合格，应于贰日到达有效。

官方兽医签字：

签发日期：二〇一四年九月一日

（动物卫生监督所检疫专用章）

注：1.本证书一式两联，第一联动物卫生监督所留存，第二联随货同行。
2.牲畜耳标号可另附纸填写，并注明本检疫证明编号，同时加盖动物卫生监督所检疫专用章。
3.本证书限省境内使用。

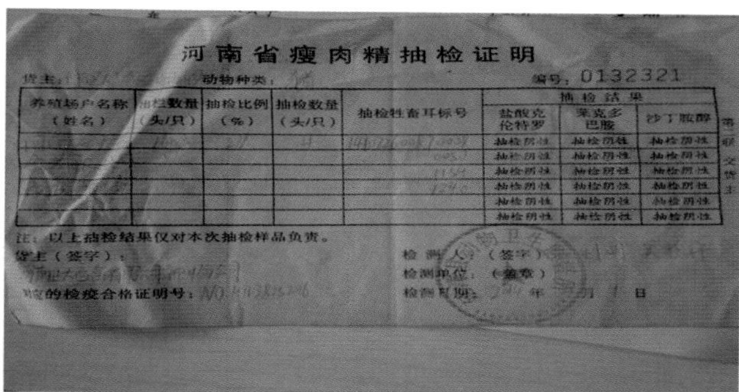
河南省瘦肉精抽检证明

货主： 动物种类： 编号：0132321

养殖场户名称（姓名）	出栏数量（头/只）	抽检比例（%）	抽检数量（头/只）	抽检牲畜耳标号	抽检结果		
					盐酸克伦特罗	莱克多巴胺	沙丁胺醇
					抽检阴性	抽检阴性	抽检阴性
					抽检阴性	抽检阴性	抽检阴性
					抽检阴性	抽检阴性	抽检阴性
					抽检阴性	抽检阴性	抽检阴性
					抽检阴性	抽检阴性	抽检阴性
					抽检阴性	抽检阴性	抽检阴性

注：以上抽检结果仅对本次抽检样品负责。

货主（签字）：

检测人（签字）：

检测单位：（盖章）

检测日期： 年 月 日

的检疫合格证明号：

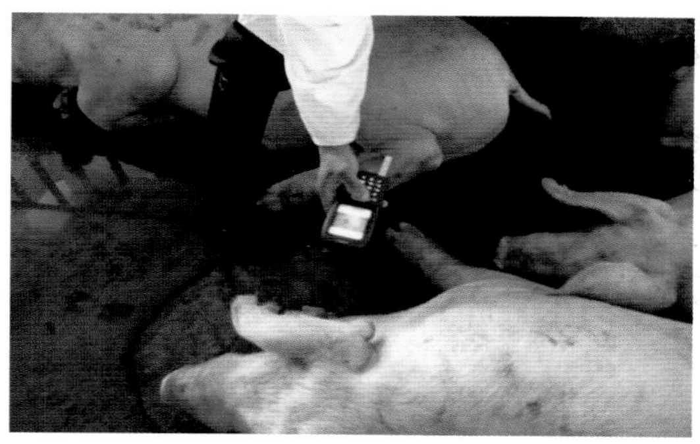

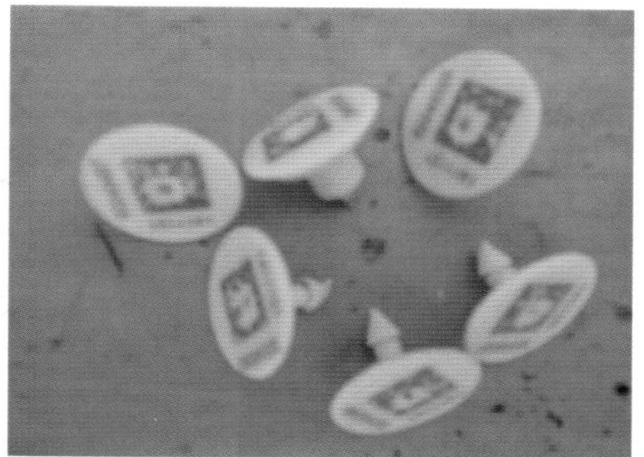

图5-1　相关检查项目

2. 感官检验　检验人员核对生猪数量，了解运输途中有无病死情况。如发现运输途中病死头数达到一定数量时，即将该批生猪全部转入隔离圈，并进行详细的临床检查。经过初步视检，将认为基本合格的生猪赶入候宰圈休息。在此过程中，检验人员要对此批逐头观察猪的外貌、步态、精神状态等。发现异常立即剔出进行体温检查，并放入隔离圈中继续观察，待验收完健康猪后再进行详细的临床检查。

3. 待宰检疫　进入候宰圈的生猪须按产地、批次分圈管理，并按照批次和比例抽样采集猪尿液检测盐酸克伦特罗，同时做好票证收集和登记工作（图5-2，图5-3）。在待宰圈静养过程中，工厂检疫人员要定期巡视生猪精神状态、睡卧姿势、步样、呼吸、饮水和排便等，听声音是否异常，对在检查中发现异常和可疑患猪，要及时隔离，并进行系统的个体临床检查，重点监测体温，体温升高或降低是生猪患病的重要标志。最后要做好处理情况的详细记录。

图5-2　瘦肉精检测

河南省瘦肉精抽检证明

主：　　动物种类：　　编号：

殖场户名称（姓名）	出栏数量（头/只）	抽检比例（%）	抽检数量（头/只）	抽检牲畜耳标号	抽检结果	
					盐酸克伦特罗	莱克多巴胺
					抽检阴性	抽检阴性
					抽检阴性	抽检阴性
					抽检阴性	抽检阴性
					抽检阴性	抽检阴性
					抽检阴性	抽检阴性
					抽检阴性	抽检阴性

注：以上抽检结果仅对本次抽检样品负责。

货主(签字)：　　检测人(签字)：

检测单位(盖章)

检测日期：　年　月　日

对应的检疫合格证明号：

图5-3　宰前瘦肉精抽检证明

二、静养管理

猪肉的质量除了安全性外，人们还关心猪肉的外观、色泽、持水能力等，而这些都与猪肉的pH值有非常密切的关系。因此，静养能够减少猪只应激反应，有效提高猪肉品质。

1. 休息　让生猪在栏圈中休息12～24小时。休息的作用如下：一是可以消除途中的疲劳，恢复正常的生理状态；二是可以增强机体的抵抗力，减少微生物的含量，增加白条肉的耐藏性；三是可以恢复和增加肌肉中糖原的数量，提高肉的风味；四是有利于充分放血；五是可以在休息期间进一步观察生猪是否有病，若有病则可采取措施进行处理，达到病猪、健康猪分开宰杀的目的。

2. 停食　生猪宰休息期间要停止喂食。停食可以使胃肠排空，有利于开膛净腔，避免胃肠内容物对胴体的污染，保证猪产品的质量。

3. 饮水　在停食期间要给生猪充分饮水。饮水的作用如下：一是可以使猪照常进行新陈代谢，并将新陈代谢的碳酸等酸性产物和胃肠内容物排出体外；二是可以适当冲淡血液，保证放血良好；三是可以促使肝糖原分解为乳糖、葡萄糖，分布全身，有利于宰后肉的成熟；四是能使机体中的硬脂肪和高级脂肪酸分解为可溶性脂肪酸和低级脂肪酸，使肉味道鲜美；五是有助于提高出肉率。但在屠宰前3小时，必须停止饮水，因为猪吊挂开膛净腔时，胃中大量的水有可能使胃内容物向下流出，使肉尸受到污染，再则尿液过多会使膀胱膨胀，容易割破膀胱，造成尿液污染肉尸，使肉有不良气味，又降低了膀胱的使用价值。

第二节　毛猪到厂的动物福利

一、出栏前福利

1. 出栏生猪的前一周内，在饲料中添加多种氨基酸、维生素、电解质及抗应激药物，预防运输应激。

2. 运输前猪不能喂得过饱，生猪处于饱食状态时，不宜立即装车起运，必须休息1～2小时，方可起运。

二、装卸福利

1. 装猪时尽量把同群的猪放在一起，不能打猪，容易造成外伤。

2. 运输猪只车辆应采用专业运输车辆，层高不低于90厘米。

3. 长途运输刚开始起运时，应控制车速慢行，待猪适应后，再以正常速度行驶，运输车尽量行驶高速公路，避免堵车；猪在运输途中必须保持运输车的清洁，注意通风，运输时间控制在8小时内；运输途中每8小时要休息2小时，供水供料。

4. 合理安装卸猪台，避免棍棒敲击、踢打等粗暴卸猪，采用专业赶猪棍、赶猪板，高喊轻拍；同批生猪进场应同时进入待宰栏。

5. 卸猪台的大小和高度应当与不同批次生猪的数量和不同运载工具的高度相匹配。

6. 卸猪台应通风良好，坡度合乎要求（小于等于20度）。

7. 卸猪台应有水泥栏杆和铁门，以防生猪受惊跌落。

8. 卸猪台后应设两条走道，检疫合格的生猪通过一条走道进待宰栏，疑似病猪从另一走道进隔离圈，继续观察，伤残猪送急宰间处理。

三、静养福利

1. 猪只运到屠宰厂后要在30分钟内卸车，静养12～24小时，圈舍播放轻缓轻音乐，让生猪情绪放松，夏季降温淋浴要控制水压和水温，不要过急以免造成猪只应激。

2. 静养期间圈舍人员要每隔2小时巡检一次，确定异常猪只进行及时处理。

3. 静养圈应配备自动饮水及冲淋系统、音乐播放系统、保温设施，通风良好，给猪只提供良好的休息环境。

四、屠宰过程中福利

1. 生猪通过赶猪道赶入屠宰车间，赶猪道可前宽后窄，开始赶猪道可供2～4头猪并排前进，逐渐只能供一头猪前进，使猪体不能掉头往回走，避免躁动造成应激。

2. 活猪通过赶猪道进入CO_2窒晕机或麻电机的输送装置，使猪快速失去知觉，减少宰杀痛苦。

3. 要隔离宰杀，以防其他猪只看到产生应激。

4. 致昏后的猪只必须在15秒内刺杀放血。

第六章　生猪屠宰加工工艺

第一节　屠宰加工管理

在不同类型的屠宰厂，生猪的屠宰有手工操作、半机械化和机械化生产3种方式。集团采用机械化生产、流水作业，用吊轨和传送带移动猪屠体和胴体，这不仅有效地减轻了生产人员的劳动强度，提高了生产效率，而且也可以减少污染，保证猪产品的安全、卫生、健康。

生猪屠宰大致工艺流程：生猪接收→静养待宰→窒晕→刺杀放血→浸烫、打毛→清洗、按摩→开膛净腔→劈半→修整、分级→计量分级→预冷排酸→入库销售。

具体生猪加工流程及参数

1. 生猪接收　生猪到厂后，要经过验收合格后才能进行屠宰，具体操作步骤如下。

（1）生猪接收前按照《生猪宰前检验规程》由官方动检人员、公司品管人员双方共同对生猪进行检验，核对检查《动物检疫合格证明》《河南省瘦肉精抽检证明》（图6-1）是否规范，与生猪头数、耳标号段是否一致，由品管人员按照国家规定做瘦肉精抽检，经检验合格后方能接收。

（2）生猪收购卸车时间要求：小车不超过15分钟，中车不超过30分钟，三层大车不超过50分钟。

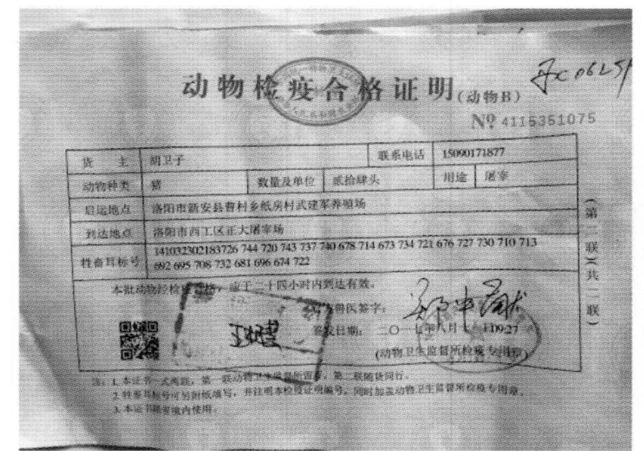

动物检疫合格证明（动物B）

№ 4115351075

货　　主	胡卫子		联系电话	15090171877	
动物种类	猪	数量及单位	贰拾肆头	用途	屠宰
启运地点	洛阳市新安县曹村乡纸房村武建军养殖场				
到达地点	洛阳市西工区正大屠宰场				
牲畜耳标号	141032302183726 744 720 743 737 740 678 714 673 734 721 676 727 730 710 713 692 695 706 732 681 696 674 722				

本批动物经检疫合格，应于二十四小时内到达有效。

官方兽医签字：

签发日期：

（动物卫生监督所检疫专用章）

（第二联 共二联）

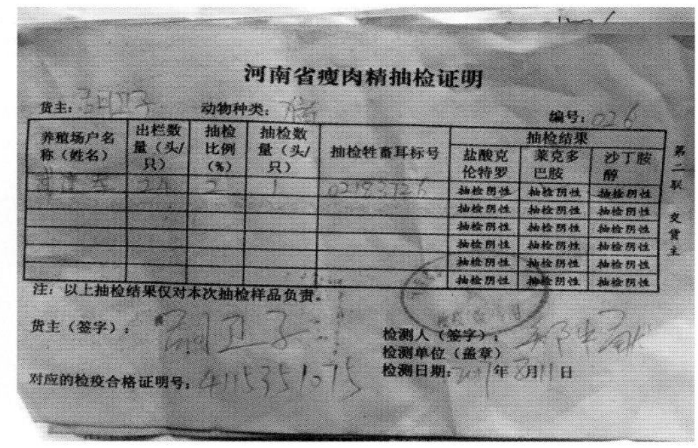

河南省瘦肉精抽检证明

货主：　　动物种类：　　编号：

养殖场户名称（姓名）	出栏数量（头/只）	抽检比例（%）	抽检数量（头/只）	抽检牲畜耳标号	抽检结果		
					盐酸克伦特罗	莱克多巴胺	沙丁胺醇
					抽检阴性	抽检阴性	抽检阴性
					抽检阴性	抽检阴性	抽检阴性
					抽检阴性	抽检阴性	抽检阴性
					抽检阴性	抽检阴性	抽检阴性
					抽检阴性	抽检阴性	抽检阴性
					抽检阴性	抽检阴性	抽检阴性

注：以上抽检结果仅对本次抽检样品负责。

货主（签字）：

检测人（签字）：

检测单位（盖章）：

检测日期：　年　月　日

对应的检疫合格证明号：

第二联 交货主

图6-1　检验证明

（3）生猪收购先对生猪信息登记：按照记录表内容认真填写信息，然后进行称重入圈，每磅头数不超过30头，并做好记录。填写生猪交接入库单，客户和收购人员双方签字确认，一份交给客户，一份留底存根（图6-2）。

CP 洛阳正大食品有限公司食品事业部

产品交接(入、出)库单

日期：　年　月　日　　0060671

名　　称	规　　格	数　　量	备　　注

接收人：　　交接人：

一白存根　二红接收人　三黄统计

图6-2　产品交接单

注意：赶猪过程中要高喊轻拍，使用专用的赶猪拍，不能棒打脚踢、野蛮赶猪，造成残猪或出现应激反应影响产品质量。

2. 静养待宰

（1）生猪宰前要经过12小时的停食给水静养，静养期间每两小时巡圈一次，检查生猪静养期间的健康情况，发现异常及时进行急宰，不能出现圈内死猪现象，按照记录表要求填写静养巡圈记录（图6-3）。

（2）生猪屠宰时按照过宰顺序进行下圈，每圈核对头数与入圈头数是否一致，依次赶到窒晕机通道内，每批次生猪禁止出现混批现象，保证过宰数据的准确。

（3）待宰猪在通道内要进行冲洗，充分洗净猪体表面的污泥、粪便等。

屠宰厂饲养生猪静养巡圈记录

序号	时间	圈号	头数	巡圈情况	巡圈人员
1					
2					
3					
4					
5					
6					

图6-3　静养巡圈记录

3. 室晕　窒晕是指采用一些方法使生猪暂时失去知觉，处于昏迷状态，以便刺杀放血。

目前，集团使用的二氧化碳麻醉法。具体操作步骤如下。

（1）根据屠宰链速合理调整每笼的进猪数量，使生猪平稳逐头进入窒晕机内。

（2）CO_2浓度设置为88%，窒晕时间为120秒，浓度和时间可根据猪的品种、大小和季节等因素做适当的调整，以窒晕效果（猪呈完全昏迷状态）作为调整的依据。

（3）关注点：窒晕时间和CO_2浓度控制不好，会影响刺杀放血的质量，在刺杀后若猪苏醒弹蹬容易造成白条断骨产生淤血。

二氧化碳窒晕的优势：相比三点式电击晕电流瞬间刺激，可以有效避免猪的应激反应。由于猪不受到惊恐，即进入昏迷状态，可较少体内糖原的分解，保证了肉的鲜味；血液循环正常，有利于放血；肌肉没有痉挛，不造成肌肉和器官出血等。

4. 一次吊挂　当窒晕的生猪落入传送带时，立即用链钩套住猪的左（或右）后脚跗骨节，将拴好链的猪拉紧，挂在轨道滑轮链上进行刺杀放血。具体操作步骤如下。

（1）加工标准：猪出窒晕机后20秒内吊挂，按照前后顺序一次挂猪，禁止出现后腿拉伤造成淤血。吊挂要合理，不能人为造成残蹄（因勒痕）。

（2）操作方法：一手握住吊链套管，一手拉住猪的后腿，将吊链环套在猪的后腿跗关节上方或后蹄两个大蹄夹跟部，将吊链钩子挂在轨道上（图6-4）。

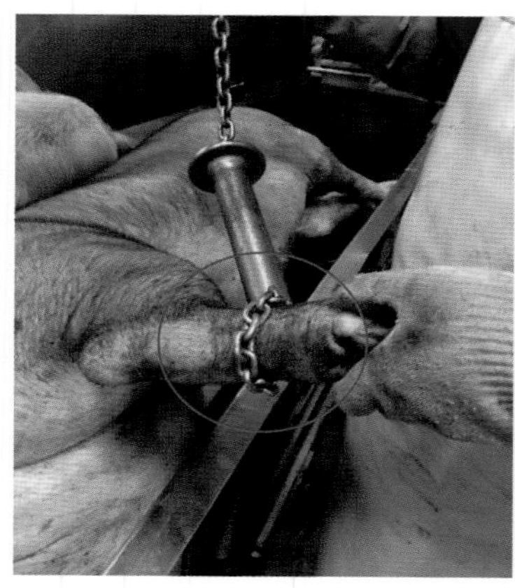
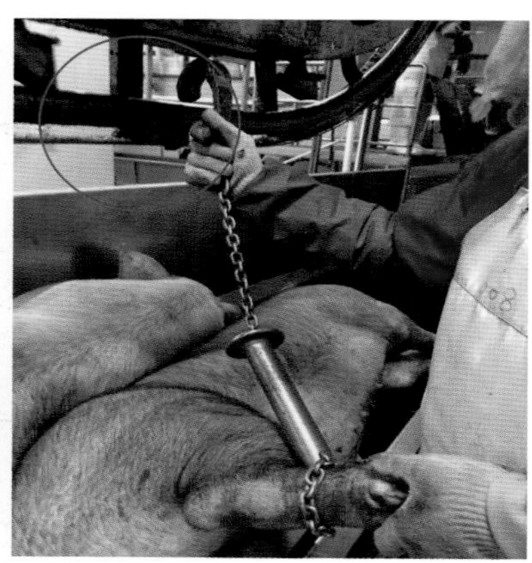

图6-4 吊 挂

注意：每笼猪挂完后才能挂下一笼，不然会出现两批次的猪混乱导致过宰数据错误。要求套脚时，链钩要扎紧，防止坠落，损伤猪体，砸伤人员。同时要求一钩只挂一头猪，不能多挂。

5. 刺杀放血　窒晕的猪经过套脚提升上轨道后，即到了刺杀放血的工序。刺杀放血就是用刀切断猪颈部动脉和静脉，使猪全身的血液迅速排出体外。具体操作如下。

（1）加工标准：放血要在生猪窒晕后30秒内完成，刺杀刀口位置要准确，严禁回刀，刺杀刀口控制在5厘米以内，减少下料产出，每刺杀一头刀具清洗消毒一次。刺杀放血后沥血时间不低于5分钟。

（2）操作方法：一手紧握刀柄，一手扶着猪前左蹄，刀刃向前，刀尖朝上，对准喉骨正中间偏右0.5～1厘米位置，向心脏方向刺杀，再侧刀下拖割断颈部动脉和静脉血管，然后立即将刀拔出（图6-5）。

注意：刺杀时不得刺破心脏和气管，从刺杀放血到烫毛时间不低于5分钟，保证沥血干净。

（3）猪放血不全：在生猪屠宰过程中，往往会出现猪放血不全的现象。

造成放血不全的主要原因有：①宰前未能给生猪适当的休息和饮水，特别是在运输过程中，生猪过度疲劳并缺乏饮水，影响新陈代谢，猪体内水分减少，血液循环缓慢，心力减弱，于是刺杀放血时，血液流出缓慢，体内血液不能完全排出。②窒晕时间过长、电压过高、CO_2浓度过高，致使生猪衰竭而死亡，宰杀时血液流出受阻而引起放血不全。③宰前漏检的病猪或高温猪，由于机体受病理的影响脱水，血液浓度增高，致使刺杀放血时血流缓慢，造成放血不全。④窒晕致死或者刺伤心脏，使心脏停止跳动，血流不能进行循环，在刺杀后血液只能依靠自身重力流出，流速慢，血量少，部分血液仍淤积在肌肉和组织器官中，造成放血不全。⑤刺杀时进刀部位不准，未能切断颈部动脉和静脉，造成放血不全。⑥刺杀后马上进行浸烫刮毛，未能达到足够的沥血时间，造成放血不全。

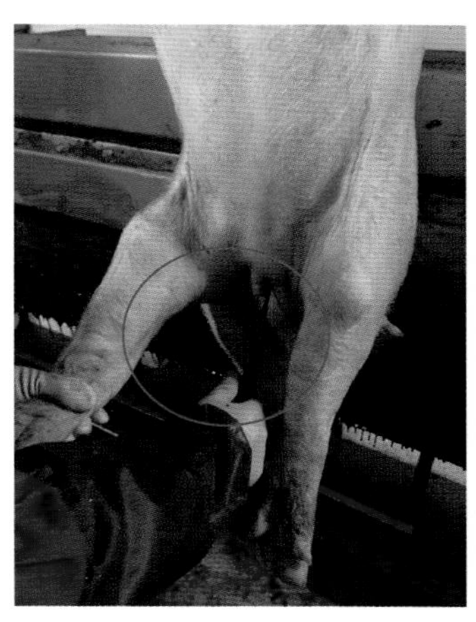

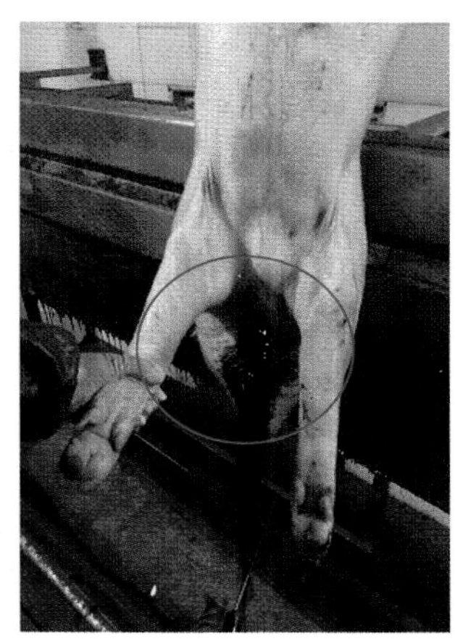

图6–5 刺杀放血

6. 预清洗 在窒晕、刺杀放血后，猪屠体表面带了一些血污和粪便等，为了避免在烫毛时相互污染，影响肉品的卫生质量。因此猪体在进入烫毛隧道前，先经过自动预清洗机，清洗掉猪体表面的血污等污染物，预清洗机水温控制在45～50℃，以提高烫毛的效果和减少烫毛隧道水的污染。

7. 剪耳标 左手拖平猪耳，右手用剪刀剪下耳标放入专用容器内，不得将耳标流到下道工序，避免浸烫后打毛出现烂耳（图6–6）。

8. 浸烫打毛 浸烫脱毛是猪屠宰加工的一个主要工序，具体要求如下。

（1）浸烫是将刺杀放血和清洗后的猪屠体放进一定温度的热水池中，经过一定时间后，使其皮肤的主要成分胶原蛋白受热吸水膨润变软，毛孔扩张，利于脱毛。具体设定根据猪的品种和季节变化，烫毛隧道内的水温为59～62℃，烫毛时间6～8分钟，烫毛隧道水温以烫毛最佳效果可做适当的调整，不能出现烫生烫老的现象。

（2）脱毛：脱毛就是将猪皮表面的毛连同毛跟以及退化的表皮刮除干净。猪胴体从烫毛隧道出来，随机进入打毛机，胴体利用自动脱链气缸装置自动卸落，落入打毛机。打毛机水温控制在45～50℃，打毛时间控制在50～60秒，打毛时间可根据季节的不同适当进行调整，打毛后胴体表面无浮毛、无打烂现象。

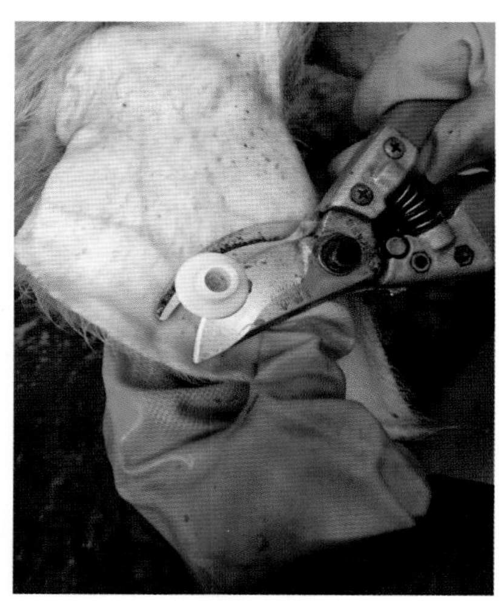

图6-6　剪耳标

9. 后腿穿孔

（1）加工标准：胴体吊挂要在猪后腿跗关节上方穿孔，不得割断胫、跗关节韧带，刀口控制在5～8厘米。

（2）操作方法：左手佩戴钢丝网手套，握住猪后腿往上提，右手持刀在猪后腿跗关节上方穿孔（图6-7）。

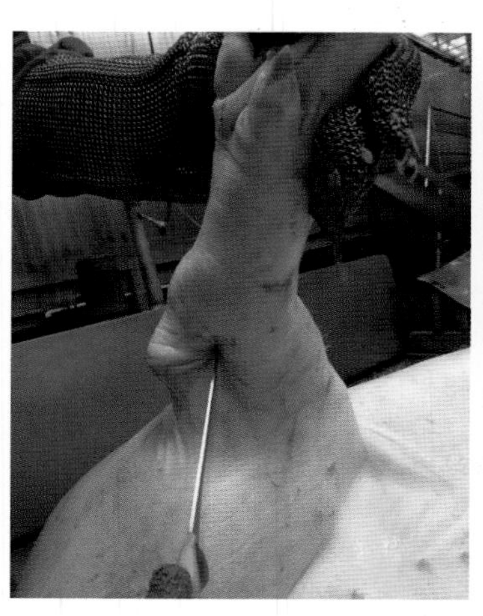

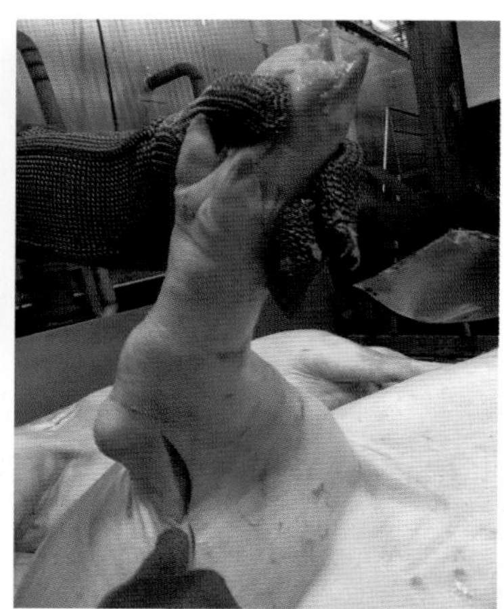

图6-7　后腿穿孔

10. 去后蹄、割猪尾

（1）加工标准：①去后猪蹄要求断面整齐，猪蹄断面无露骨，腿筋部位不允许带明显红肉。②去猪尾要从尾根部割下，且刀口平滑，完整不破损，不能出现露骨。

（2）操作方法：①去后蹄左手佩戴钢丝网手套抓住猪蹄，右手握住刀从跗关节以上2厘米处下刀，将猪皮划开3/4，左手向下用力掰猪蹄使关节露开缝隙，用刀尖从表面到下，割断关节处的筋腱，割开表面连带的1/3猪皮，完整去掉猪蹄（图6-8）。

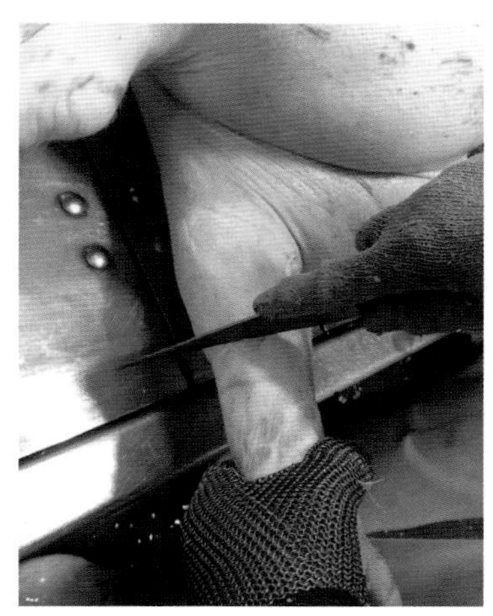
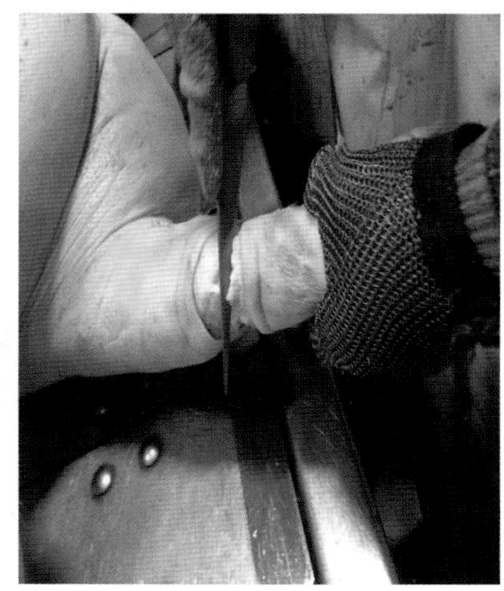

图6-8 去后蹄

②割猪尾左手抓住猪尾，右手持刀贴尾根处划开表皮，然后在关节处割下猪尾（图6-9）。

11. 挂猪提升　使用干净的扁担钩分别穿在两个后腿孔内，保持两个后腿平衡然后挂上轨道（图6-10）。

12. 头蹄在线松香拔毛　根据链条高度，调整好松香锅内松香甘油酯的添加量，保证猪头、前蹄和腮肉完全淹没浸入松香甘油酯中，达到松香拔毛的最佳效果。

13. 预干燥　打完毛的胴体通过链条输送至预干燥机，通过干燥机特制鞭条洗刷掉猪体上残留的浮毛及水分。

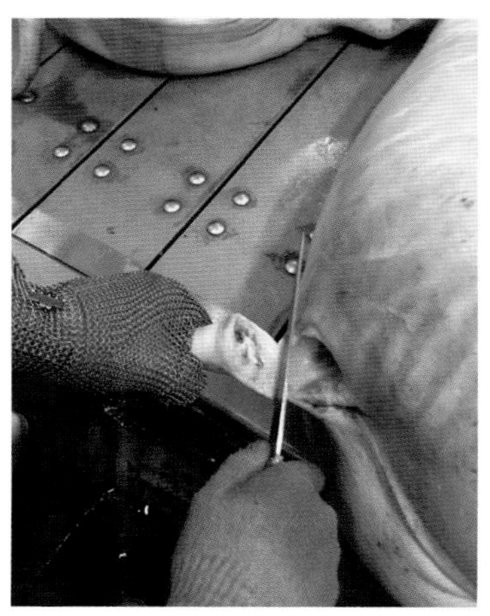

图6-9 割猪尾

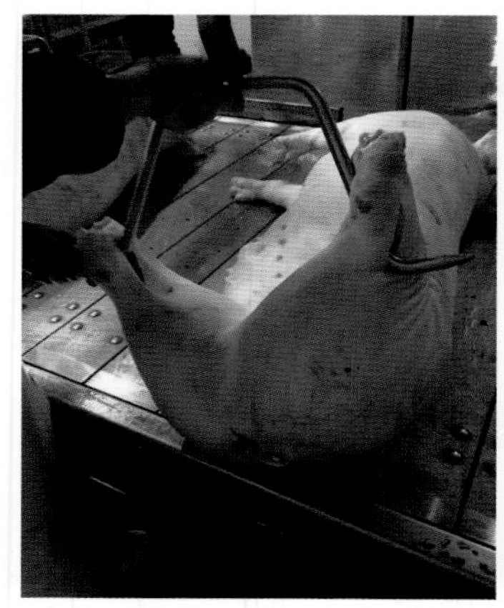

图6-10　挂猪提升

14. 火焰燎毛　经过浸烫打毛后，仍然会有一些小浮毛残留在猪体上，这就需要借助火焰进行二次燎毛。利用自动控制脉冲系统进行燎毛灭菌，根据打毛效果可调整燎毛的时间和火焰的大小。人工燎毛主要针对燎毛炉不宜燎到，如进行腿窝和腰窝部位燎毛处理（图6-11）。

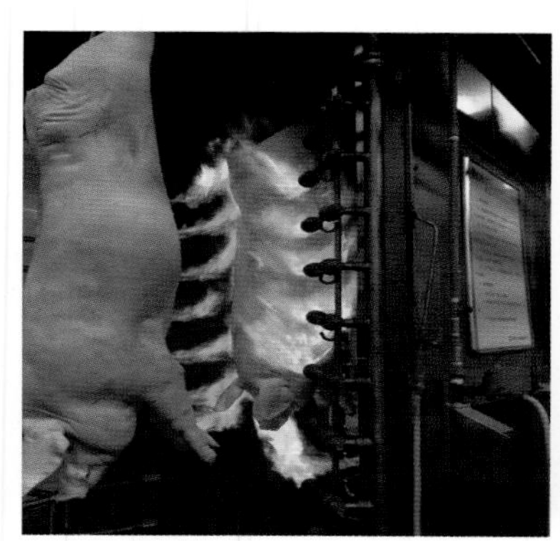
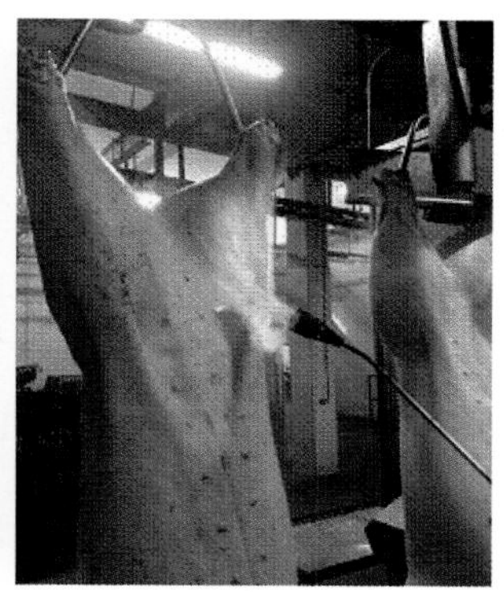

图6-11　火焰燎毛

注：火焰燎毛可以有效去除残毛，同时达到高温杀菌的作用。

15. 清洗、按摩　胴体经过火焰灭菌后通过抛光清洗机进行清洗，利用凉水喷淋和塑料毛刷将猪体充分刷洗干净，以除去表面的灰烬和杂质。

16. 刮毛、割猪鞭　根据自动设备打毛后局部残留的猪毛，左手扶住猪体右手持刀自上而下刮净胴体表面残留的猪毛、灰烬和杂质，刮毛时不能伤及表皮或破损出现刀口。

用刀尖将腹部的阴茎包皮划开（从猪鞭根部划至包皮盲囊），拉出阴茎，在阴茎基部将阴茎割断，前端连同包皮盲囊从猪体上分离下来，保持猪鞭完整（图6-12）。

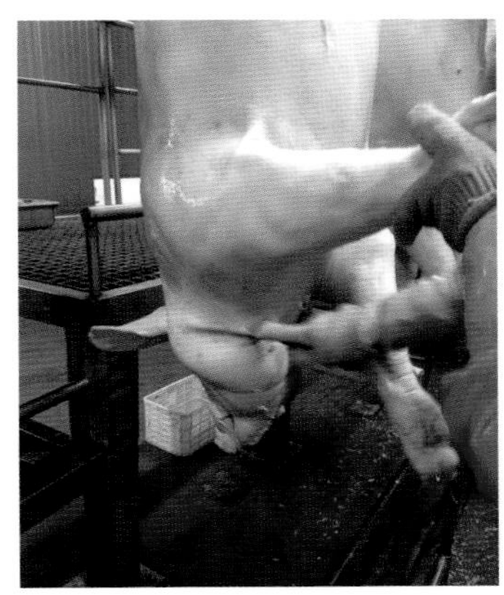
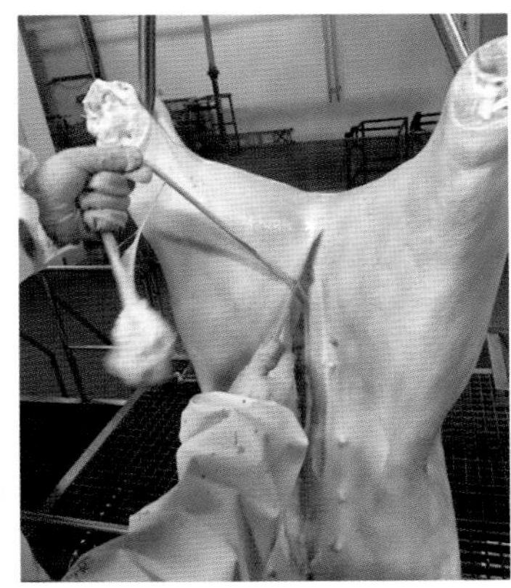

图6-12 刮毛、割猪鞭

17. 去前蹄

（1）加工标准：断面皮圈保持1～2厘米长度，蹄断面皮边圆滑、整齐，整体要求不允许露骨，尽量少带腿弧肉。

（2）操作方法：左手佩戴钢丝网手套抓住猪蹄，右手握住刀前蹄从腕关节，将猪皮划开3/4，左手向下用力掰猪蹄使关节露开缝隙，用刀尖从表面划下，割断关节处的筋腱，完整去掉猪蹄（图6-13）。

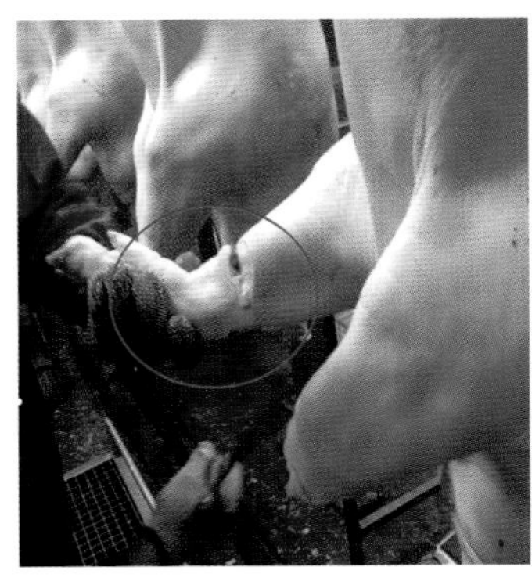
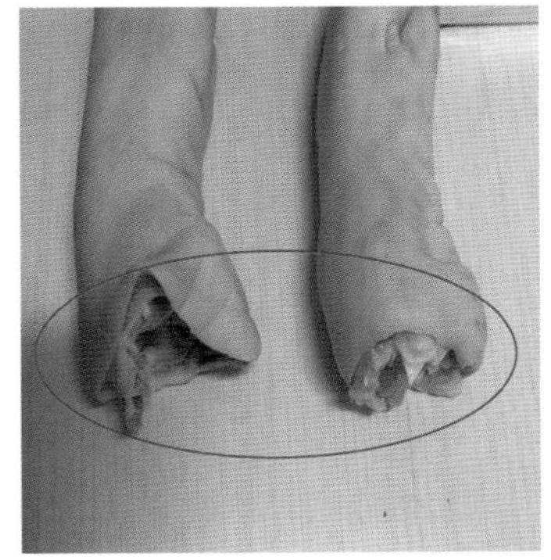

图6-13 去前蹄

18. 打印编号　使用专用的编号章，采用食品级色素对猪体前腿部位进行编号，要求一头一号，编号清晰，不得漏编或错编。实现每头生猪的可追溯性（图6-14）。

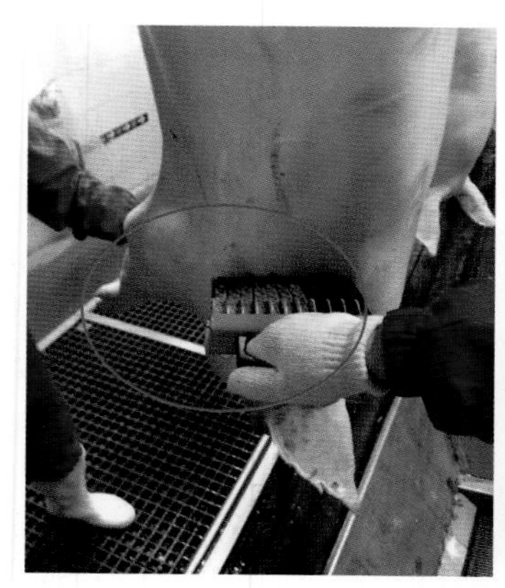

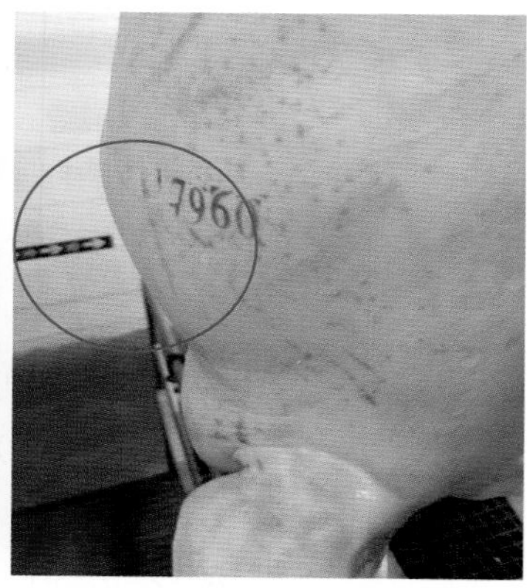

图6-14　打印编号

19. 开腹、开胸　猪胴体进入全自动开趾骨机区域，经机器扫描定位后，设备自动在骨盆上面中间部位劈开趾骨，然后进入自动开腹设备，经扫描定位后自动钩住腹部皮膘向外拉伸，由锯片将腹部皮膘从中间部位划开向下至猪喉骨部位。设备采用激光扫描和成像设备，具有高度智能化，电脑对所扫描的胴体进行分析，下刀精确，保证出品率，避免次品率（图6-15）。

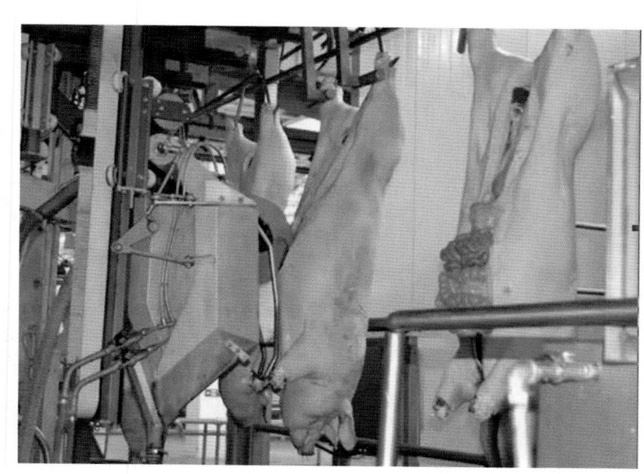

图6-15　开　膛

20. 雕肛

（1）加工标准：雕肛时要求直肠上不带肉，保证大肠头的完整，禁止出现雕烂造成产品污染。

（2）操作方法：采用手动开肛器对准猪的肛门，随机将刀筒插入肛门，启动开关将直肠与猪体分离。注意开肛器需一头一清洗消毒（图6-16）。

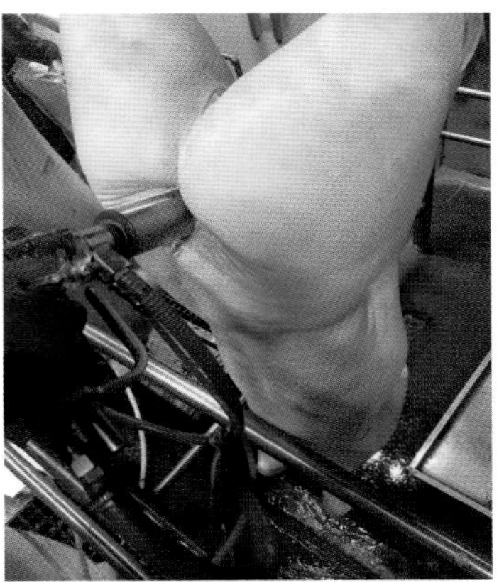

图6-16 雕 肛

21. 扒白脏、红脏

（1）加工标准：扒白脏不能伤及肠胃、胆及拉伤猪肝，严禁大肠污染。（猪腰刀伤率控制在1.5%以内，猪肚刀伤率控制在1%以内。）

扒红脏确保红脏完整无损，不伤及胆，白条上残留连肝肉宽度不超过2厘米、心管不得有明显残留。（猪心刀伤率控制在2%以内，心管刀伤率控制在2%。）

（2）操作方法：左手佩戴钢丝网手套拉出大肠头，右手持刀分离直肠，在靠近肾脏位置下刀将系膜组织同肠胃等剥离猪体，白脏放入相对应的托盘内输送到白脏加工间。

左手佩戴钢丝网手套抓住肝叶，右手持刀划开两侧横膈肌从白条内腔分离，刀刃向上分离开肾脏连带在红脏上，然后把气管、食管的连带组织割开，双手将整挂红脏拉出（图6-17）。

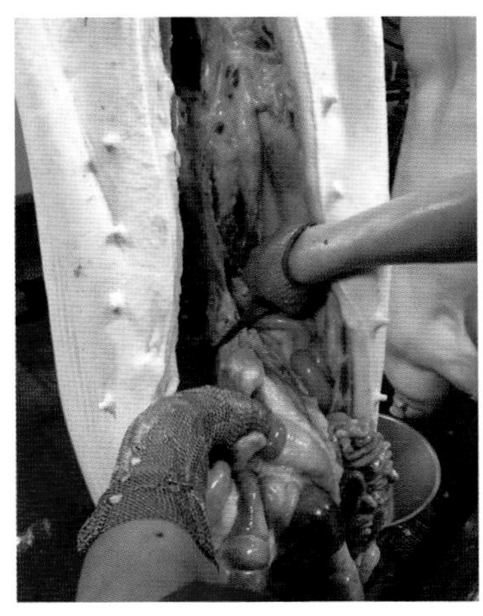

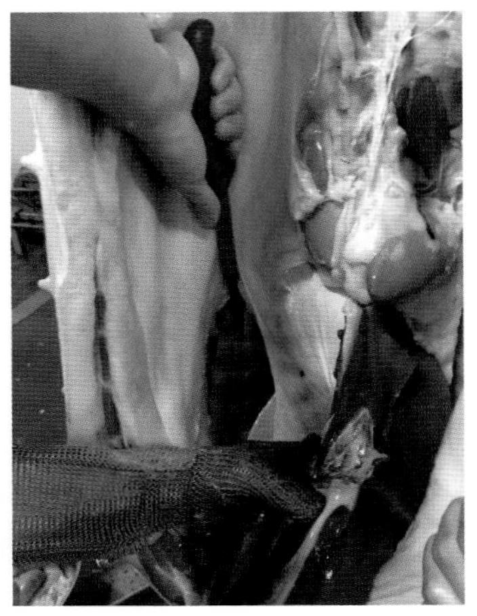

图6-17 扒红脏

22. 挂红脏

（1）加工标准：保持红脏心管、食管、气管完整，甲状腺完整带在红脏喉骨上。

（2）操作方法：左手抓住肺部气管向外拉伸，右手持刀向下划至刺杀刀口处，从喉骨两侧剥离割下红脏，将红脏挂在对应的钩子上输送到红脏加工间（图6-18）。

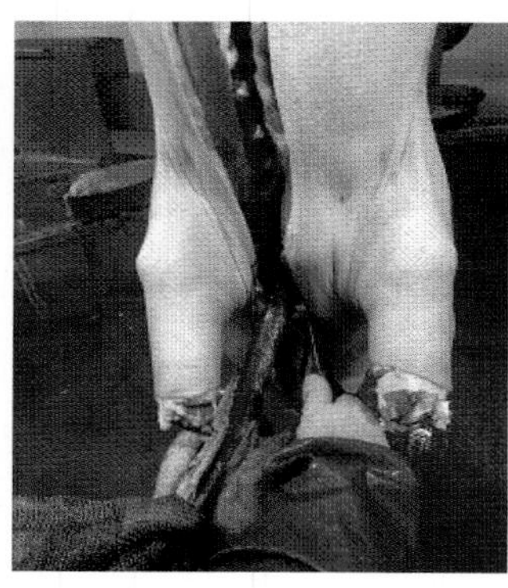
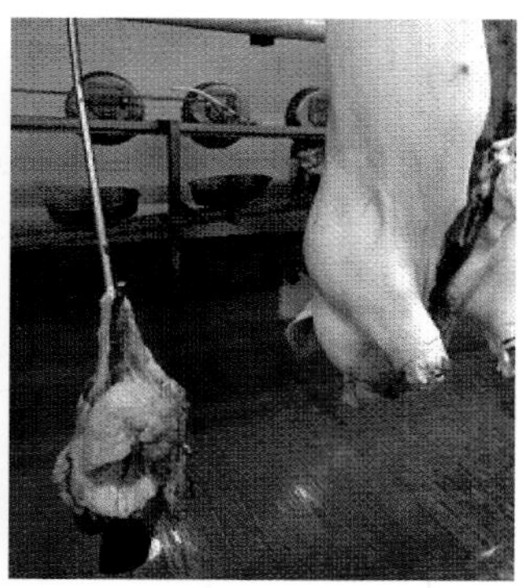

图6-18　挂红脏

23. 剪猪头

（1）加工标准：猪头断面不露骨，带肉厚度0.5～1厘米，残留颈背肌肉不超过50克。

（2）操作方法：双手紧握猪头剪从两耳根后部（距离耳根0.5～1厘米）连线处下剪，平行将枕骨剪断将猪头从白条上分离开（图6-19）。

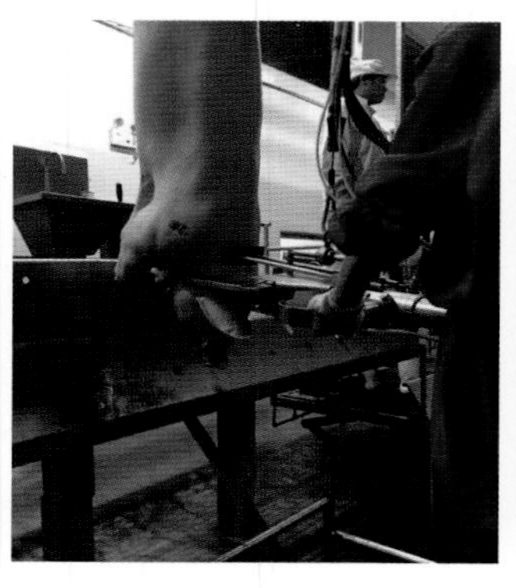
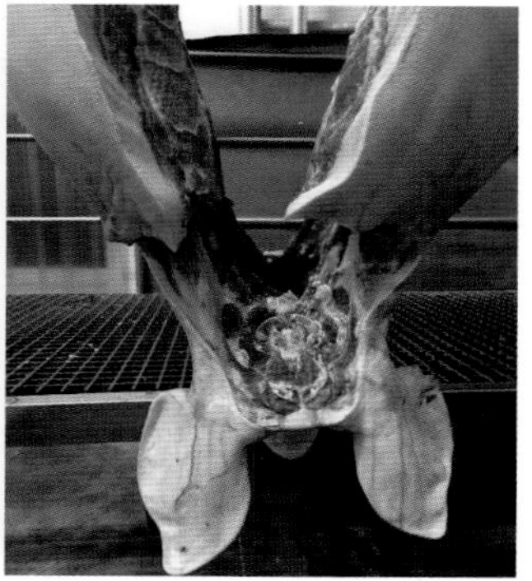

图6-19　剪猪头

24. 自动劈半　激光扫描，准确定位，均匀地将胴体分为两片。每次操作之后，所有的工具回到清洁位置，用冷水、热水和冷水漂洗，消除细菌的传播（图6-20）。

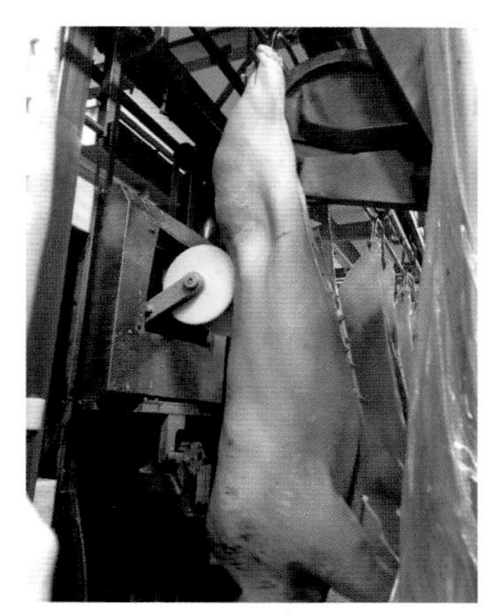
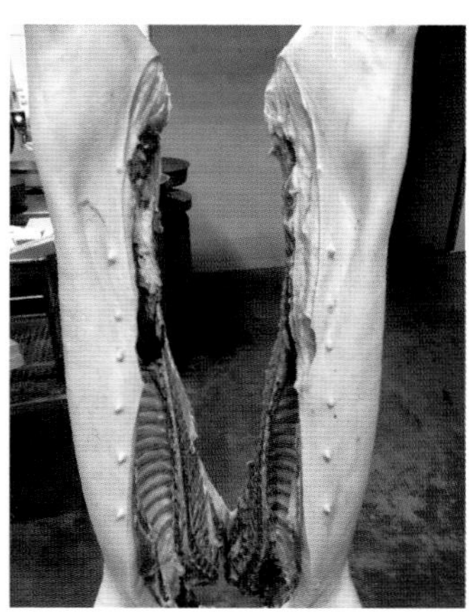

图6-20　劈　半

25. 割猪头

（1）加工标准：根据订单分为瘦头和平头，瘦头要求露出咬肌3～4厘米，平头要求不露咬肌，割猪头时平刀去头。

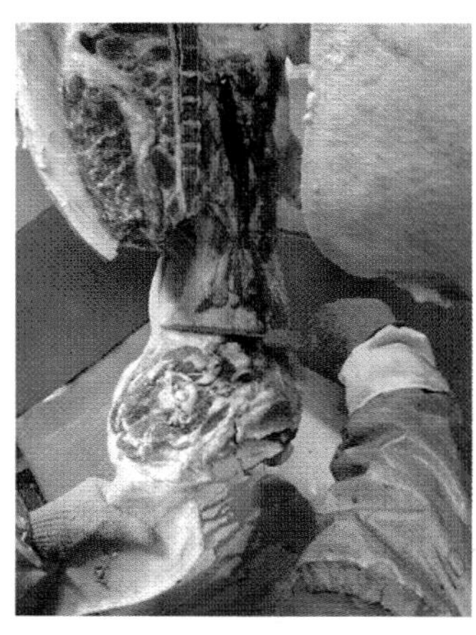
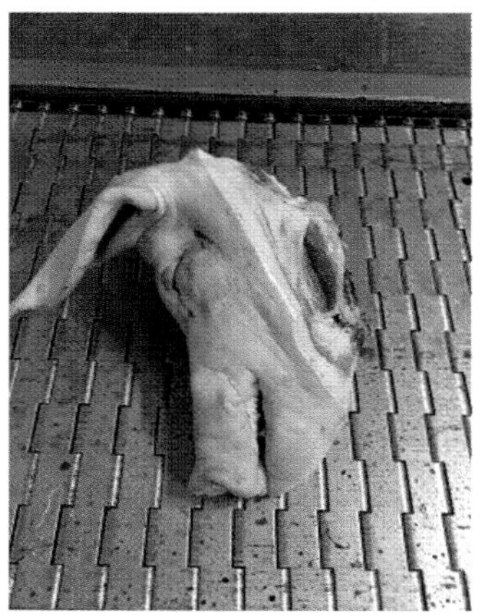

图6-21　割猪头

（2）操作方法：左手抓住猪的左耳，右手握刀从距离耳根边缘褶皱处2.5～3厘米下刀，顺势往猪嘴下颌位置直线割下，下刀深度以露出咬肌为准。

26. 撕板油

加工标准：撕板油保持块型完整，白条内腔碎板油无残留，碎板油修整时控制白条内腔无刀伤，控制碎板油头均残留小于等于40克（图6-22）。

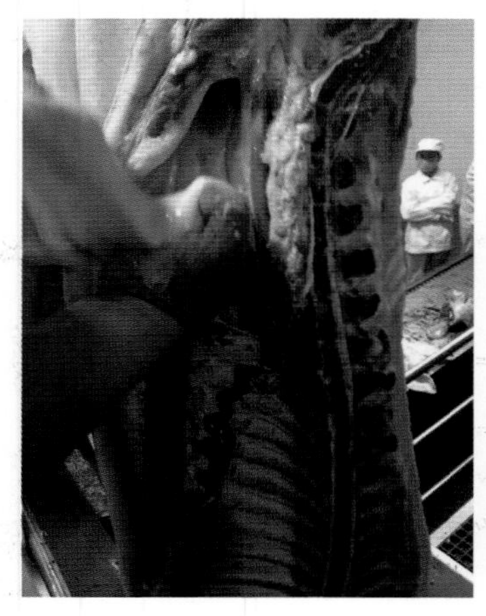
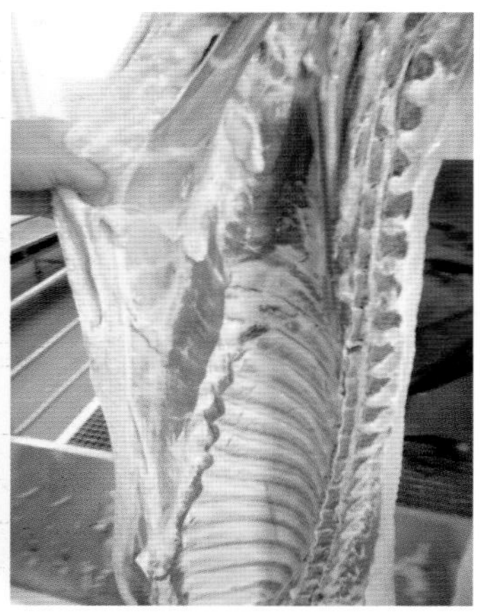

图6-22　撕板油

27. 白条修整

加工标准：后腿内侧皮膘斜刀修掉4～5厘米，露出大片后腿肉。奶脯修整根据白条肥瘦程度控制修割下的大小。白条修整刀贴紧表面，修去胴体上的伤痕、淤血、脓胞等，修净小里脊两侧淋巴结、腹沟淋巴结。白条槽头部位的淋巴、淤血必须修割干净，不能有残留，但不能损伤肉青和其他产品，每头白条进行划检针眼，修割下的下脚料不允许带红肉（图6-23）。

28. 计量分级　根据销售白条品质定级标准，综合白条膘厚、体型、重量进行分级盖章，在分级过程中，对于有机伤、断骨、严重针眼、脓包等影响白条销售的，在固定位置打级别章转为分割白条。

29. 冲洗　通过自动高压冲洗设备对加工好的白条进行冲洗，冲洗猪体表面残留的血污、锯沫等杂质。

30. 快速预冷　所有白条进入快速预冷库进行加湿预冷，温度控制在7℃以下，时间70～80分钟，根据季节的变化适当调整加湿的大小。

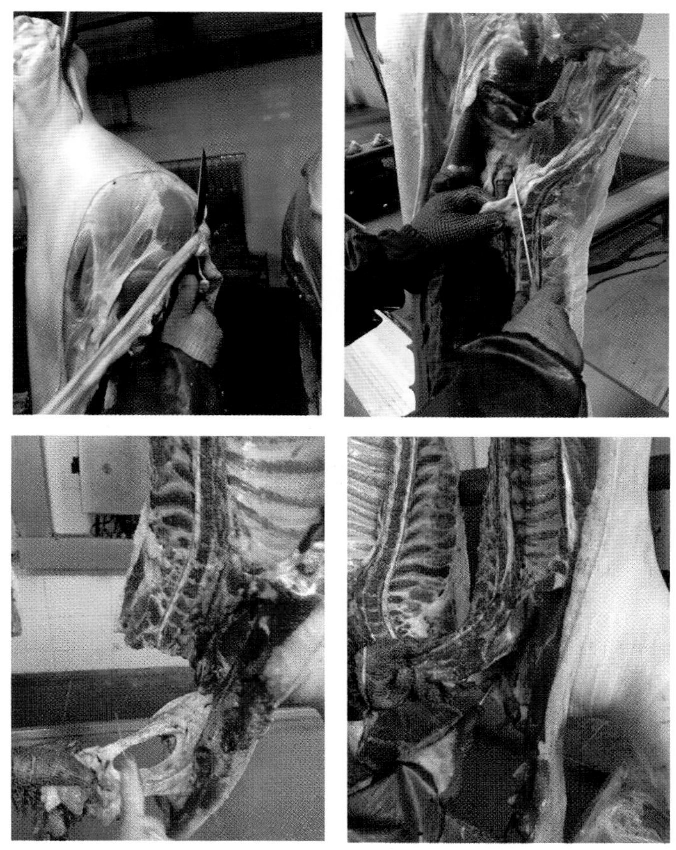

图6-23　白条修整

31. 板油加工

加工标准：修净表面附着的淤血、淋巴及肾上腺等杂物，要求产品亮白或略泛红。板油修整要求修净淋巴、腺体、淤血，板油先上架进行预冷，预冷后按工艺要求摆放在冻品铁盒内，要求摆放整齐成型好，产品包装袋粘贴小动检标签和白色合格证，胶带"一"字形封口。板油加工包装及时入库，不能因现场存放时间长，入库不及时出现产品变色或变质的现象（图6-24）。

32. 软膘加工

加工标准：指软裆膘和奶脯膘油在胴体上修割下去皮后即为软膘，产品色泽洁白或粉白，要求表面无淤血、淋巴、浮毛等杂质。

冻品包装12.5千克方底袋包装，平整摆放在铁盒中，产品包装袋粘贴小动检标签和白色合格证，胶带“一”字形封口（图6-25）。

图6-24 板油加工

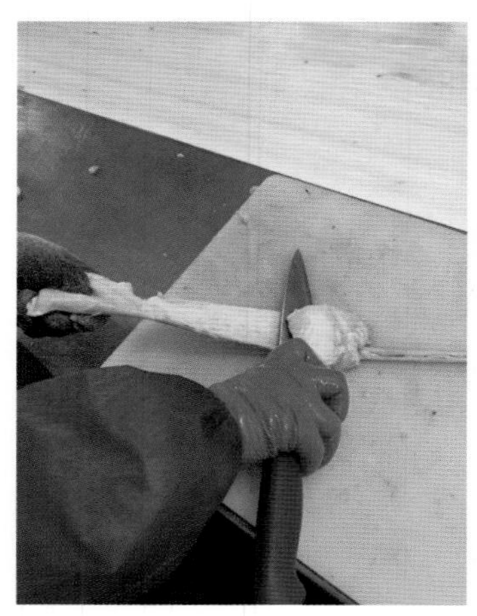
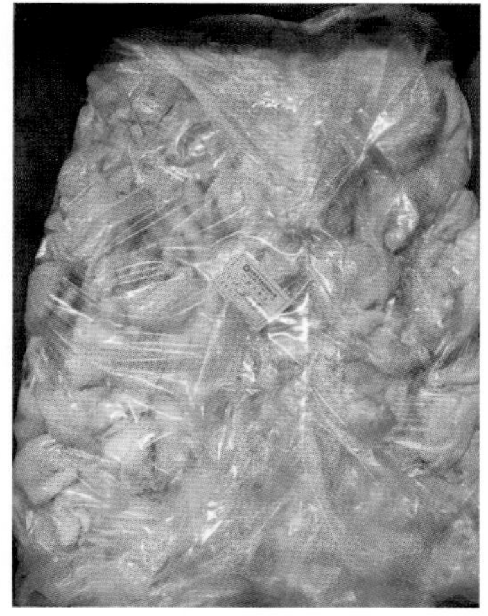

图6-25 软膘加工

33. 腮肉加工

加工标准：割腮肉沿颈骨头下1厘米处，垂直白条平齐修割下。

修去肉面附着的大块瘦肉、游离状脂肪、淤血及肉眼可见腺体（直径大于1厘米）、淋巴、脓包、针眼，要求产品外表面无残毛、外漏淋巴结、腺体等杂质。去皮腮肉要求去皮，表面无残留碎皮块。

碎肉T要求整体脂肪含量≤10%，产品要求无血污、淋巴结、淤血、猪毛等杂质。

腮肉包装中间夹层瘦肉割腮肉断面处向上，分两排整齐平方摆放在铁盒内，25千克方底袋包装，同时在中间层粘贴小动检标签和白色合格证，胶带“一”字形封口（图6-26）。

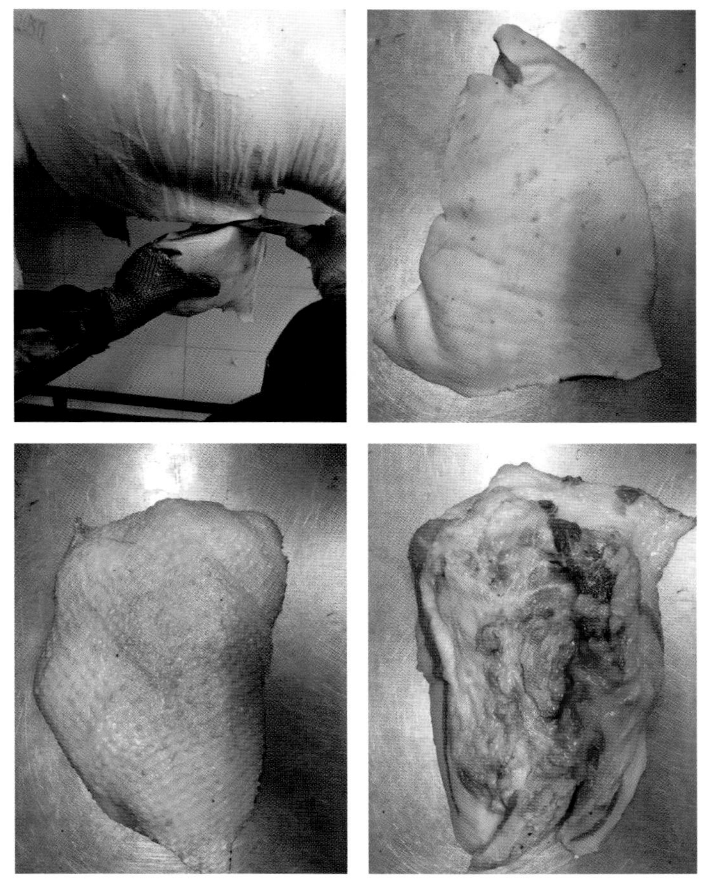

图6-26 腮肉加工

34. *冷却排酸* 动物死后机体内因生化作用会产生乳酸，若不及时经过充分的冷却处理，则积聚在肌肉组织中的乳酸会损害肉的品质。所以，猪肉宰杀后要在0～4℃的环境下，放置12～24小时，使后腿深层肉温降到7℃以下，使大多数微生物的生长繁殖受到抑制，肉中的酶发生作用，将部分蛋白质分解成氨基酸，从而减少有害物质的含量，确保肉类的安全卫生（图6-27）。

图6-27　排　酸

注：当胴体被推入冷却排酸间之后，标志着猪的全部屠宰工序已经结束。

第二节　副产品加工及注意事项

猪副产品整理加工是屠宰加工的一部分。猪副产品包括内脏和头、蹄、尾等。由于副产品在未加工前有血腥和一些异味或带有粪污、杂物、黏膜，所以整理副产品，不应与白条肉放在同一场所，要在相对独立的空间。

猪副产品整理加工包括整理直肠、胃、脾、大肠、小肠，分离心、肝、肺，整理头、蹄、尾及整理其他脏器等，根据工艺加工标准或合同规定要求进行修整。现分述如下。

一、副产品的加工

1. 猪舌头

（1）挖猪舌：左手用钩子钩住舌根部，右手握刀从右侧会厌软骨处摘取，保持银钱完整不得剪开。要求猪舌带舌骨、银钱、舌根附着肌肉（图6-28）。

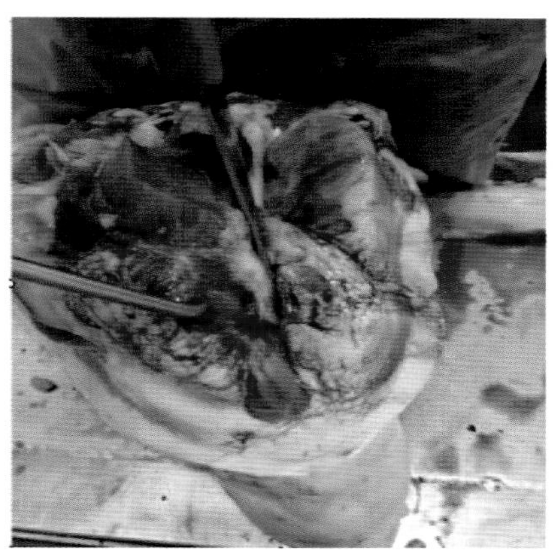
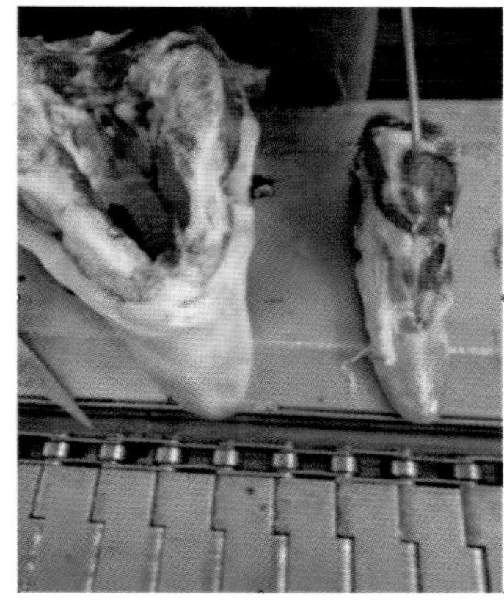

图6-28 挖猪舌

（2）修猪舌：要求外形完整，轻微伤斑允许修割但不得划破舌肉，不允许残留气管或食管头。去净腺体、脂肪，无淤血、浮毛、脓肿等病灶，舌肉内不含任何金属物及其他杂质（图6-29）。

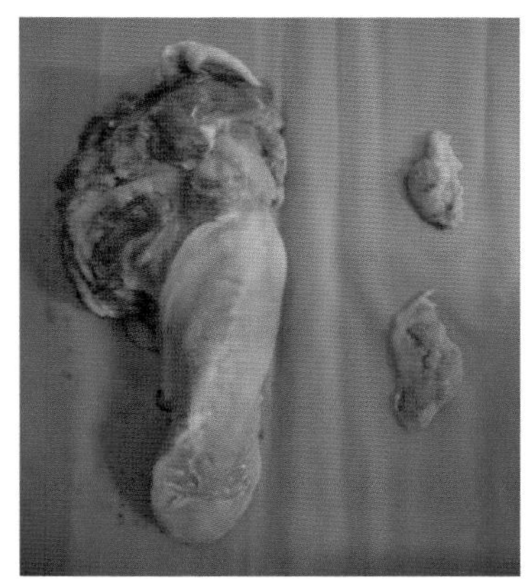

图6-29 修猪舌

（3）鲜销或冻结：加工好的猪舌进行冰水预冷，中心温度达到0～10℃时可以备货鲜销（图6-30）。

加工冻猪舌时，可直接入库冻结，中心温度达到-12℃以下。

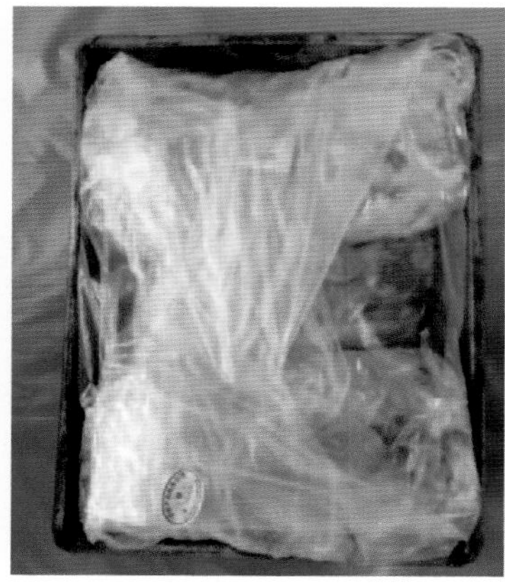

图6-30 猪舌包装

2. 猪蹄的加工方法 去蹄→冲洗→烫毛→打毛→拔毛→修整→抽蹄筋→包装。

（1）去蹄：猪蹄要求断面整齐，残留的猪皮长度超出猪蹄关节断面1.5～2厘米。

（2）冲洗、烫毛、打毛、拔毛：猪蹄去后，冲洗表面血污和其他污垢，然后放入61～63℃的浸烫池中烫毛，时间7～8分钟。浸烫池水使用4～6次，根据卫生情况进行更换。打毛后的猪蹄使用松香甘油酯进行两次拔毛。

（3）修整：猪蹄在修整时除病灶、伤斑、淤血、脓肿等病变原因外，不得将猪皮修割掉或修破，要保持断面处猪皮的整齐，断面处只能用刀将皮内面带有杂质的脂肪和筋腱掏修掉，刮净蹄上的猪毛及趾间的黑垢（图6-31）。

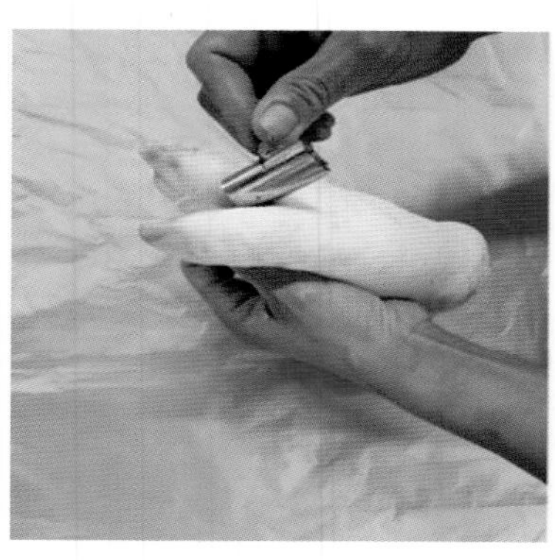
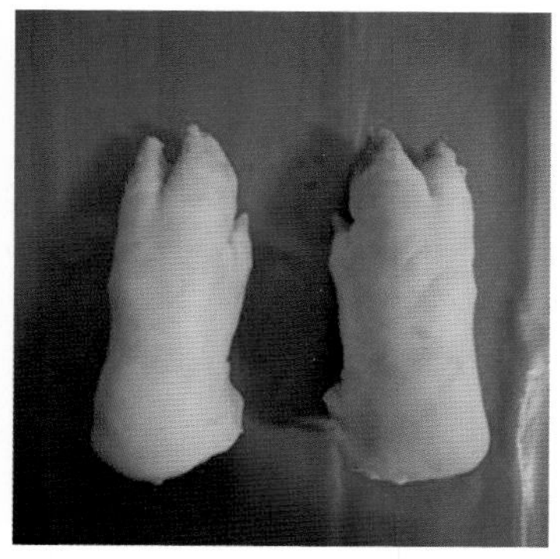

图6-31 修整猪蹄

3. 蹄筋

（1）形状：猪蹄筋为无色透明或淡黄色透明体，表面光亮、无油脂，无肌肉、无血渍，顺直、干燥、带小筋。

（2）采集：将脚蹄的掌心朝上，蹄尖插入固定的铁圈架孔内，一手用钳子钳住蹄筋断口，并使之绷紧，另一手持刀，刀口稍微偏向蹄尖，先后将筋和小趾筋割断，用力拉出（图6-32）。

注：去筋猪蹄在抽蹄筋时，割断蹄筋的刀口不得超过1厘米，在用钳子夹紧猪蹄筋的过程中，不得因抽蹄筋困难用刀将断面处与蹄筋连在一起的猪皮割破。

（3）功用：蹄筋是一种很好的滋补品，也是深受欢迎的副食品。

（4）销售或包装冻结：预冷至中心温度达到0～4℃时可以备货销售或包装冻结（图6-33）。

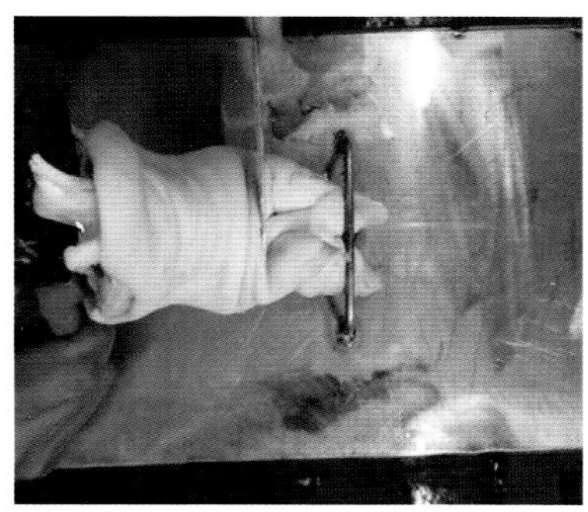
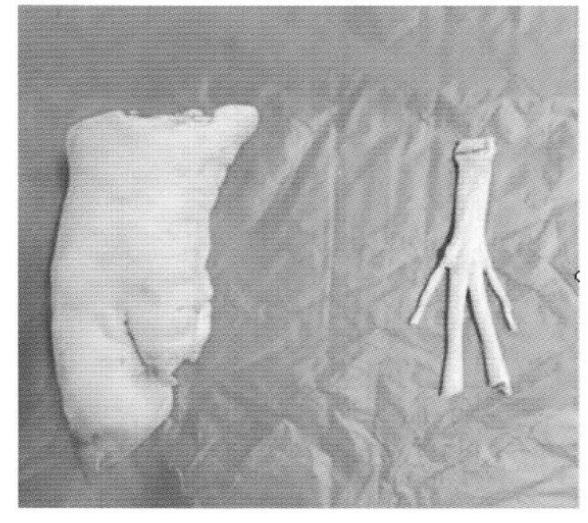

图6-32 取蹄筋

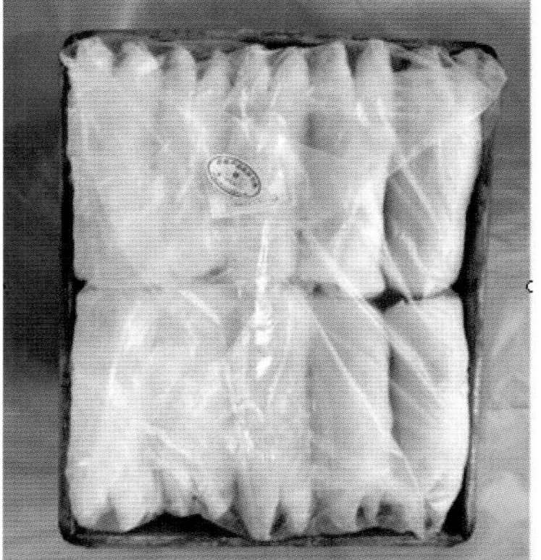

图6-33 包装猪蹄

4. 猪尾的加工方法　去尾→冲洗、烫毛、拔毛→修整→挑拣→销售或包装冻结。

（1）去尾：在屠宰线上去尾，左手抓猪尾，右手持刀，贴尾根关节割下，使割后肉尸没有骨梢突出皮外，没有凹坑。

（2）冲洗、烫毛、拔毛：猪尾去下后，冲洗净表面血污和其他污垢，然后入61～63℃的浸烫池中烫毛，时间7～8分钟。遵循先烫先捞的原则，在猪尾表面猪毛能用手全部轻轻拔出时即可捞出，防止烫生或烫老。

（3）修整：松香去毛，并及时除去猪尾表面浮毛、松香和皮块等杂质；修净后产品转入清水中浸泡1～3小时，要求水温不超过15℃。产品要求皮面完整，允许尾根部有轻微淤血（图6-34）。

（4）挑拣：预冷后的猪尾将尾按长短进行挑选，分为长尾（10厘米以上）、短尾两种（10厘米以内）（图6-35）。

（5）销售或包装冻结：预冷至中心温度达到0～4℃时可以备货销售或包装冻结（图6-36）。

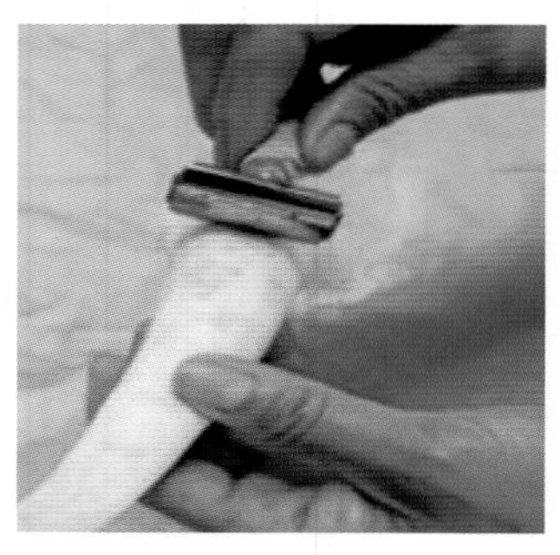

图6-34　修整猪尾

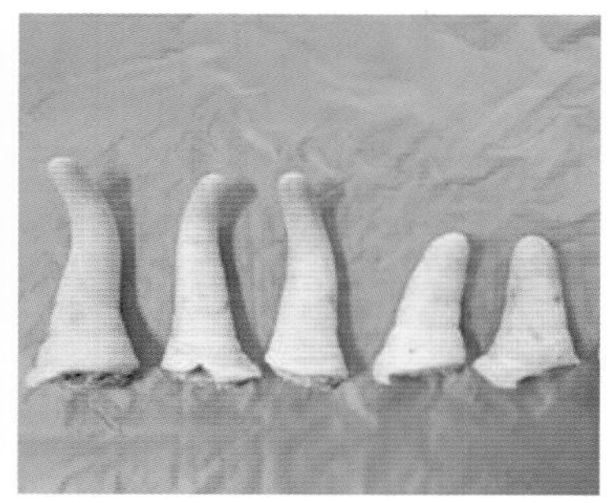

图6-35　猪尾挑拣

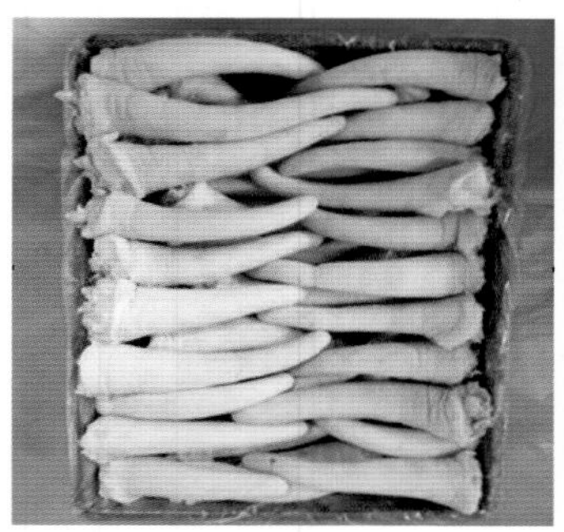

图6-36　猪尾包装

图6-37 去 耳

5. 猪耳加工工艺流程 去耳→修整→销售或包装冻结。

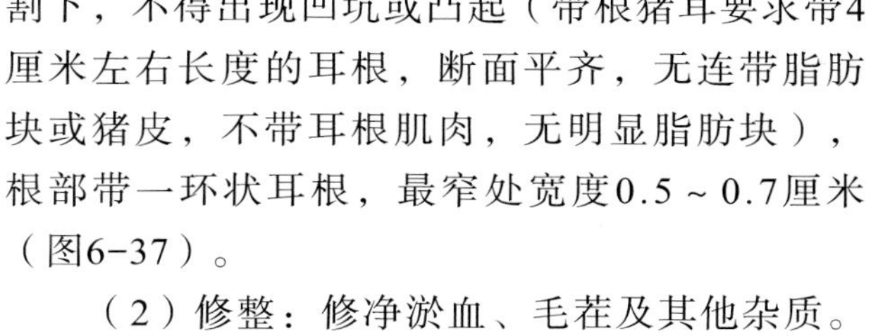

（1）去耳：去猪耳时刀要紧贴耳根处平齐割下，不得出现凹坑或凸起（带根猪耳要求带4厘米左右长度的耳根，断面平齐，无连带脂肪块或猪皮，不带耳根肌肉，无明显脂肪块），根部带一环状耳根，最窄处宽度0.5～0.7厘米（图6-37）。

（2）修整：修净淤血、毛茬及其他杂质。将环状耳根挑开。

（3）销售或包装冻结：预冷至中心温度达到0～4℃时可以备货销售或包装冻结。

6. 猪心的加工

（1）工艺要求：扒下红脏后，刀贴心耳平齐将动脉、静脉割断，不得将心割破。挤净心房、心室内的淤血，无寄生虫、杂质、炎症等病灶，要求心管断面与心耳平齐，不得掏挖。上架推入预冷库预冷，不得水洗（图6-38）。

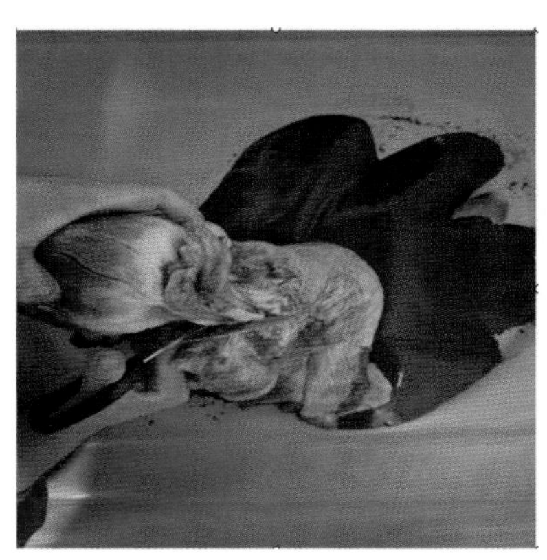

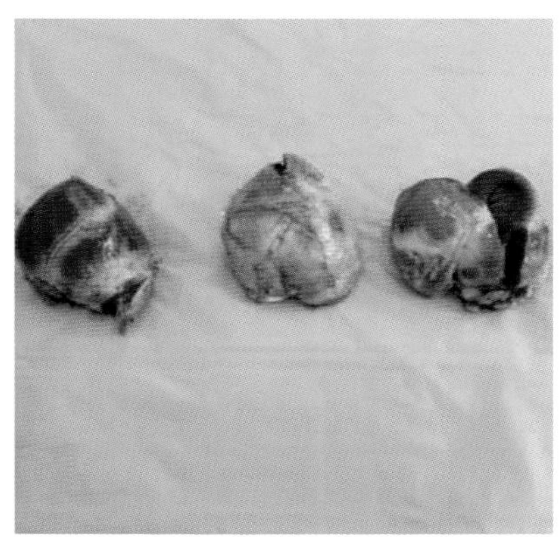

图6-38 取猪心

（2）销售或包装冻结：预冷至中心温度达到0～10℃时可以备货销售或包装冻结（图6-39）。

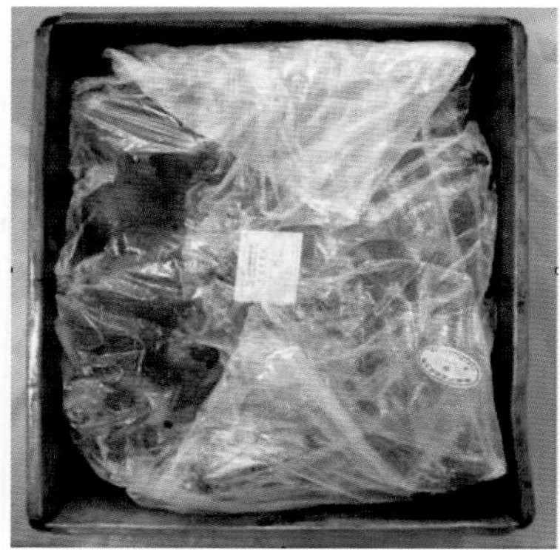

图6-39 猪心包装

7. 猪肝的加工

（1）加工流程：分离猪肝→修整→挑拣→包装。

（2）分离猪肝：将猪肝内侧翻转面向操作者，用钩子将胆摘下，将肝肺平摊在操作台上，左手拿起隔膜，右手持刀顺结缔组织边缘下刀，将肝肺分离，不得伤及猪肝（图6-40）。

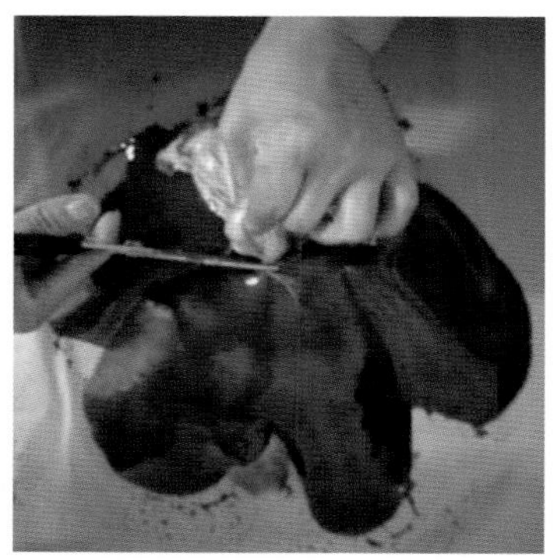

图6-40 分离猪肝

（3）修整：将肝脏翻转，修整肝门边缘淋巴结，无明显下坠脂肪即可，不要求对其严格修整，不得伤及肝脏（图6-41）。

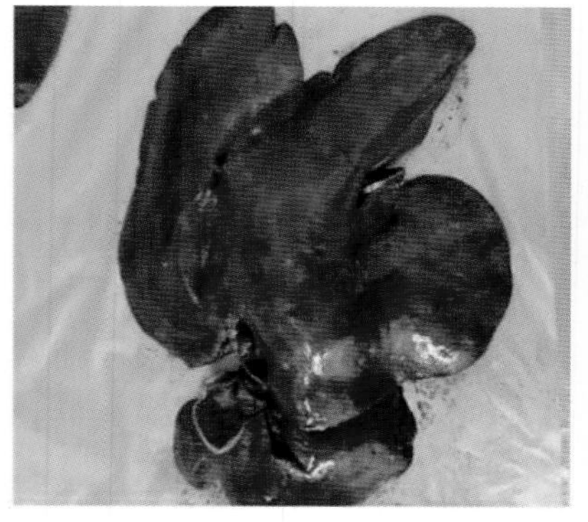

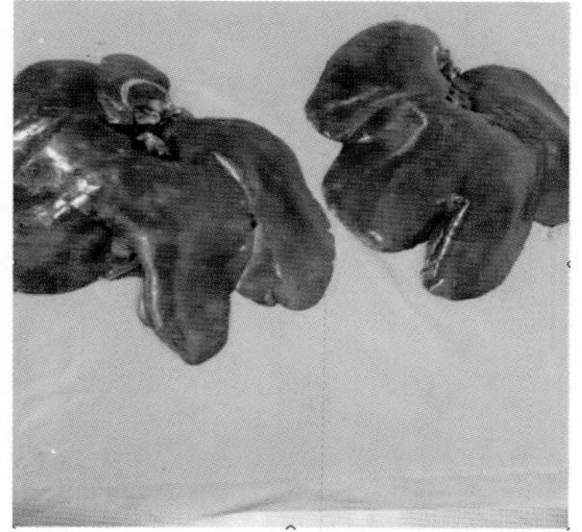

图6-41 修整猪肝

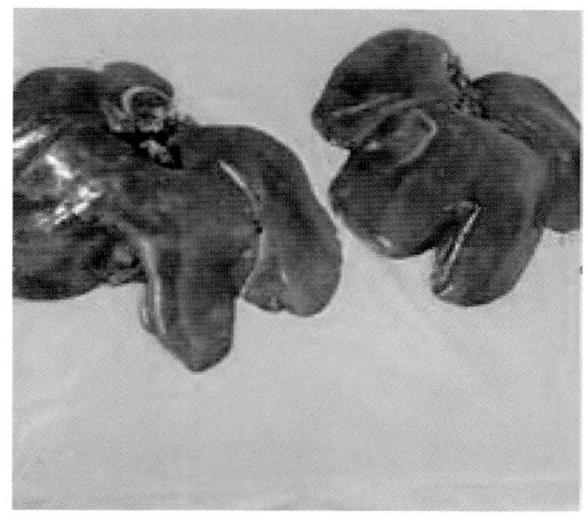

图6-42 挑拣猪肝

猪肝上带有水泡的，不需要修整，用刀将其划破，不得破坏肝膜，将水挤出即可；叶面上带有斑点的面积不超过1平方厘米时不用修整，每叶可带1～2个斑点，超过两个斑点的要进行修整，并单独包装，不得与同批猪肝混淆。

原料则将黑肝、沙肝、寄生虫肝挑出，每个肝叶割1～2刀，用水清洗干净后上架。

（4）挑拣：猪肝按照外表颜色（如黑肝、沙肝）差异进行分拣，分开包装，并将带有炎症、胆污、寄生虫等病变肝挑出（图6-42）。

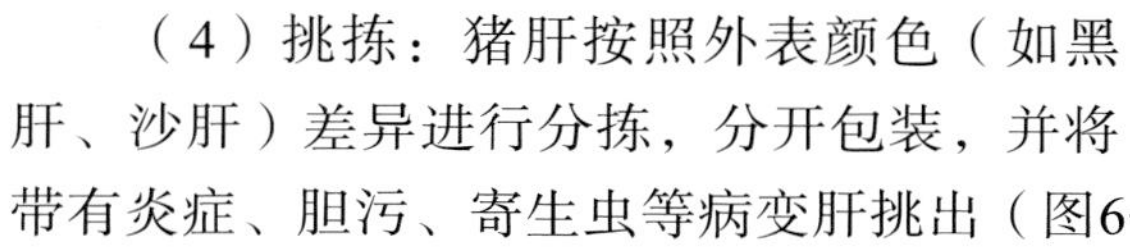

（5）包装：猪肝预冷后，每挂猪肝用片膜包裹，纸箱内衬方底袋，10千克/箱，肝头与肝尖对叠，保持自然形状，要求同一箱猪肝颜色相同，大小均匀，摆放美观。最底层肝叶弧面一律向下，最上层肝叶弧面一律向上，不露肝筋脂肪；调秤配重，同一箱中不得用烂肝和肝叶添秤。

8. 猪肺的加工

（1）加工流程：去气管→挑拣。

（2）去气管：紧贴肺的叶面与支气管连接处平齐割断支气管，使气管与肺分离（图6-43）。

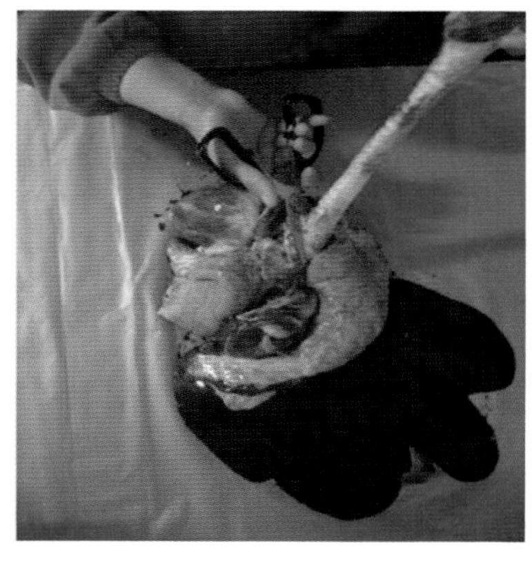

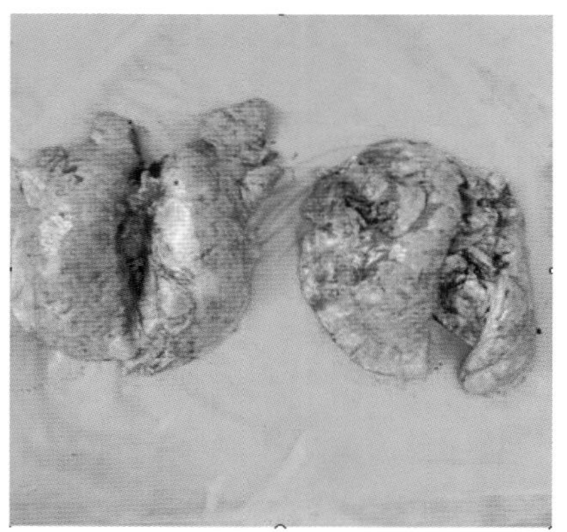

图6-43 猪肺加工

（3）挑拣：选择猪肺颜色新鲜，无明显气肺，无淤血的猪肺入库预冷，做鲜品或打盒做冻品销售，不得水洗。

猪肺带淤血面积3/4以上的，或带有病灶以及破损严重的碎猪肺做标记为猪肺C，不得水洗。

9. 猪腰的加工方法

（1）加工流程：修拣→预冷→包装。

（2）修拣：去除猪腰携带的尿管和表面残留脂肪，修整过程中不破坏产品外形完整和腰膜，允许腰身表面有刀口，但刀口长度不大于1/3腰身长度；产品不得水洗和浸泡；腰身无淤血、无血污、浮毛等杂质。挑拣出病变（肾炎、积水、黑腰）、刀口长度超过腰身长度1/3，做次腰处理。

（3）预冷：加工好的猪腰立即入0 ~ 4℃库中预冷，预冷时摆放厚度适当，猪腰表面不得有水分出现。中心温度达到4℃以下进行包装。

（4）包装（图6-44）：①鲜品猪腰包装：5千克/袋，用平B袋包装，热合机封口。②冻品猪腰包装：5千克/袋，用方底袋套盒，猪腰分两行依次摆放整齐。③特殊包装：10千克/袋，用长塑料袋包装扎紧袋口，确保猪腰之间挤压紧密，排出塑料袋内的空气，然后扎紧袋口，为防止进水将袋口打个折，然后扎口。包装好的猪腰袋口朝下，装入另一个塑料袋中，使用两个塑料袋包装猪腰，同样要求扎紧袋口。

图6-44　猪腰包装

10. 罗膈肉的加工

（1）修剪（图6-45）：用手轻轻撕下罗膈皮，注意不破坏猪肝；将附在罗膈肉上的大块油脂剪掉，要求罗膈皮表面无淋巴，无大块油脂，将罗膈皮平摊至网架上，推至预冷间冷却至小于15℃。

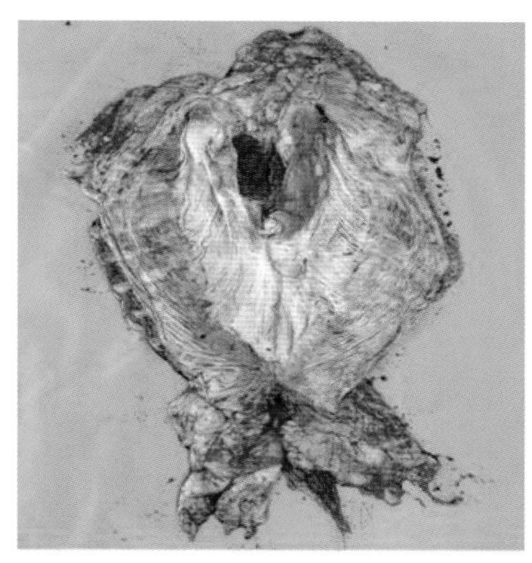
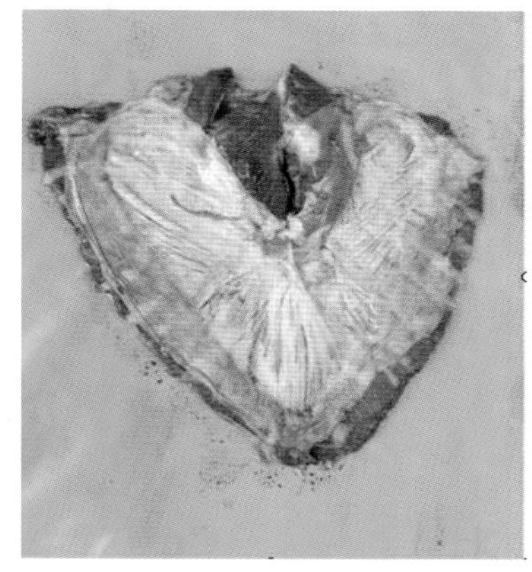

图6-45 罗膈肉加工

（2）鲜品罗膈肉包装：5千克/袋，用平B袋包装，热合机封口。

冻品罗膈肉包装：15千克/袋，用方底袋包装，用胶袋封口。

10千克/袋，用方底袋套盒，罗膈肉单个对折使肉面重合，肉面朝上，分两行依次摆放整齐（图6-46）。

图6-46 包装罗膈肉

11. 气管、喉头的加工

（1）剪开与心包油相连部分，从肺基部剪断气管，带少量油脂组织及肌膜，保持气管完整，修净淤血（图6-47）。

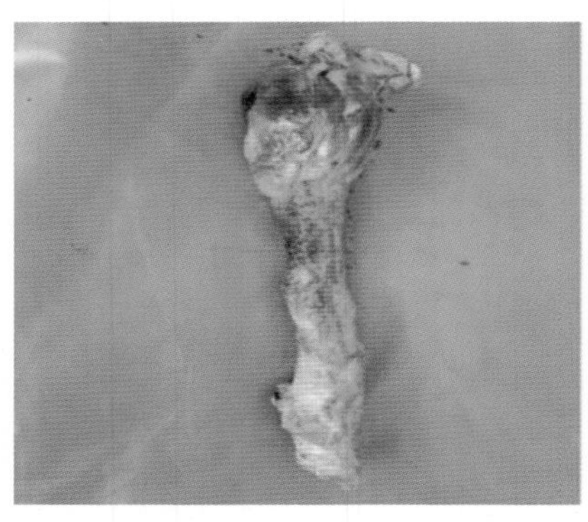
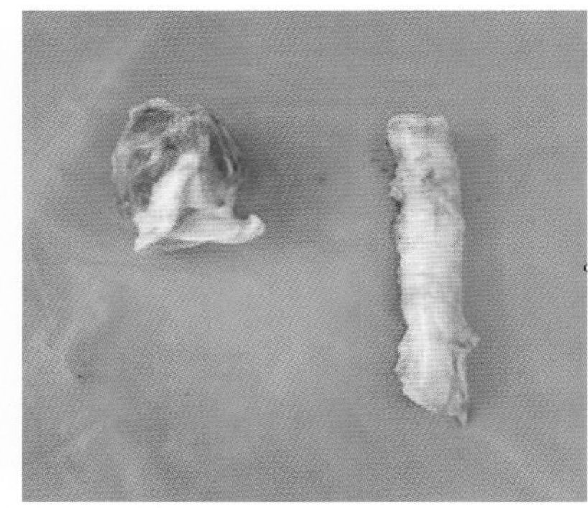

图6-47　气管、喉头加工

（2）从喉头环1软骨与气管环连接处将喉头剪断，只允许带喉头附着的肌肉和肌膜，修净腺体、淋巴、淤血。

12. 食管的加工方法　左手拉住食管末端，右手握剪刀将食管外的结缔组织剪净，修刮下表面黏液，从喉头部用剪刀剪断，干净卫生、无病灶不得水洗（图6-48）。

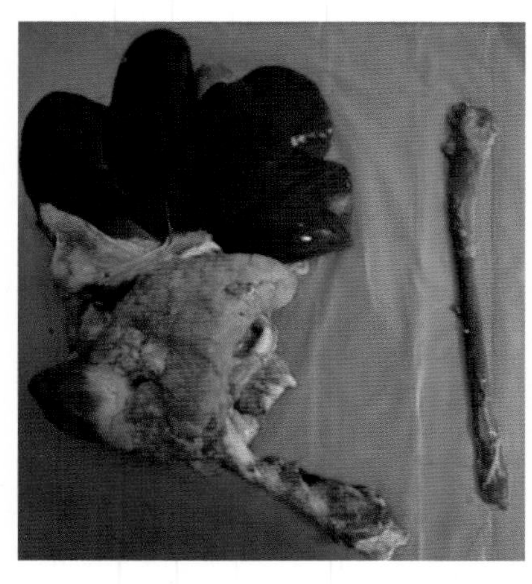
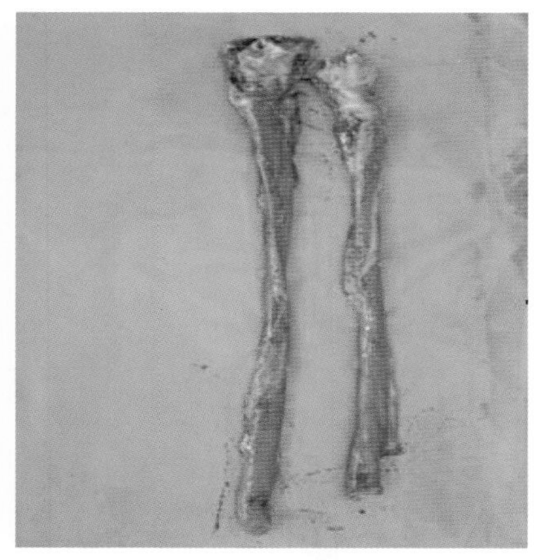

图6-48　食管加工

13. 心血管的加工方法　右手握刀将心管基部的结缔组织划开，露出心管，左手将其拉出，套在木制的圆棍上将心管撑开，用剪刀修剪表面脂肪、毛细血管，要求无血污、浮毛及杂质，干净卫生（图6-49）。

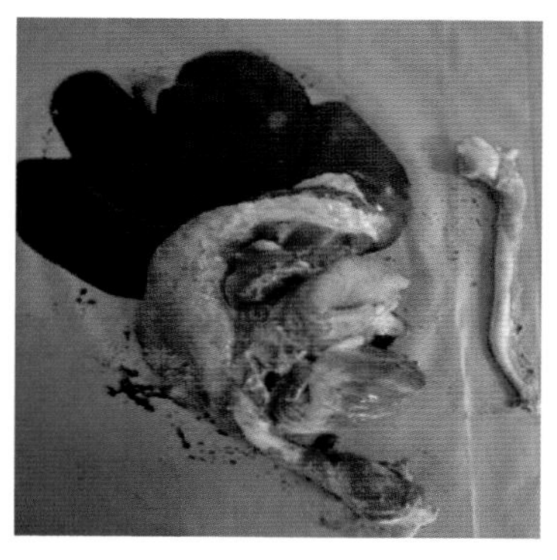
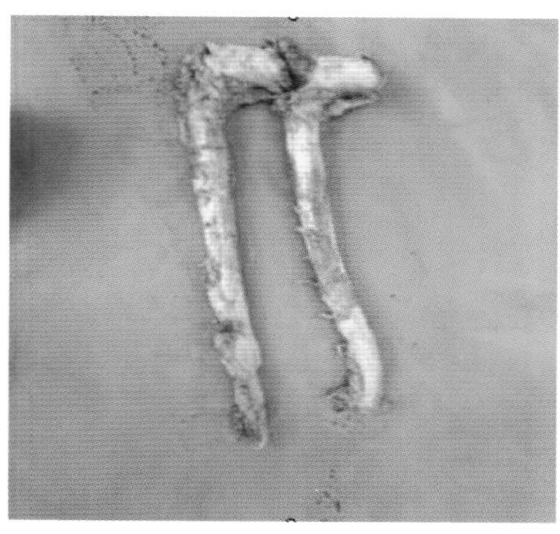

图6-49　心血管加工

14. 猪肚的加工方法

（1）工艺流程：摘肚→猪肚开口→清除肚内容物→冲洗→修整→冰水预冷→包装或配送。

（2）摘肚：摘猪肚时操作台面要用常流水冲洗，及时冲走肚容物，避免污染到刚摘下的猪肚表面。要求用剪刀紧贴肚壁剪下网油，肚油尽可能连带到网油上，并避免伤及猪肚。肚梗残留长度（十二指肠一端）不超过2厘米（图6-50）。

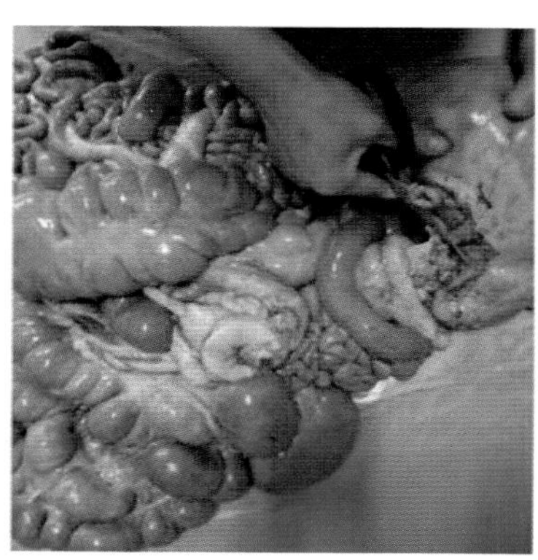
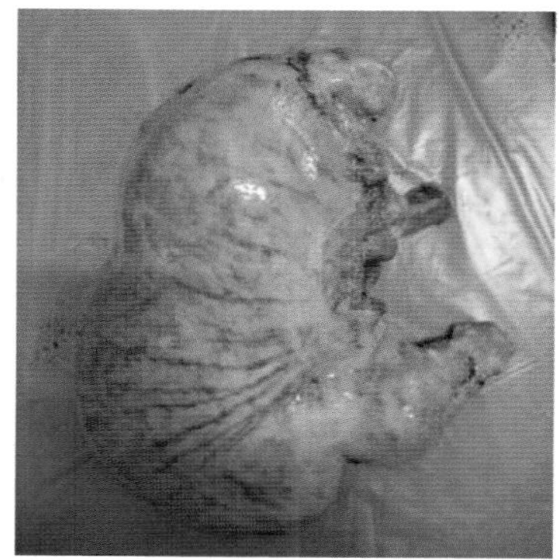

图6-50　摘　肚

（3）猪肚开口：猪肚开口长度不得超过10厘米。

（4）清除肚内容物：将猪肚从开口处向外翻，倒出肚内容物，必要时用水进行冲洗，避免猪肚表面受到污染。

（5）冲洗：使用流水冲洗净猪肚内容物，必要时用刮板或刷子进行涮洗，确保洗净肚内容物（使用打肚机打洗时间不得超过1分钟），避免肚壁变薄、失去弹性。

（6）修整：修剪净肚油、肚内容物；修去胃幽门处黄膜、局部病灶，无炎症、黏膜水肿等病灶。

（7）冰水预冷：修整好的猪肚投入冰水中进行预冷，预冷时间6～8小时。

（8）包装或配送：预冷好的猪肚捞出后，晾架控水后用手捋掉水分至无水分滴落。

冻品包装：将猪肚幽门（小端）一端插入猪肚开口内，将猪肚整形，成半圆弧形状，装入塑料袋内，要求平整不折叠。然后将猪肚竖立在箱中摆放两行，包装后入库冻结。

修整好的猪肚投入冰水中进行预冷，预冷时间6～8小时。

鲜销包装：分为2.5千克、5千克、15千克包装，热合封紧固定袋口。鲜品直接入库进行配送。

冷藏包装：为10千克包装。

15. 网油、脾脏的加工

（1）先将网油剥下，剪刀将肚底的脂肪割净，使脂肪留到网油上；再使用剪刀紧贴脾脏的长嵴将脾脏剪下。

（2）脾脏上不得残留脂肪块和网油，修剪干净表面脂肪，无病灶、淤血、杂质。预冷至中心温度6℃以下（图6-51）。

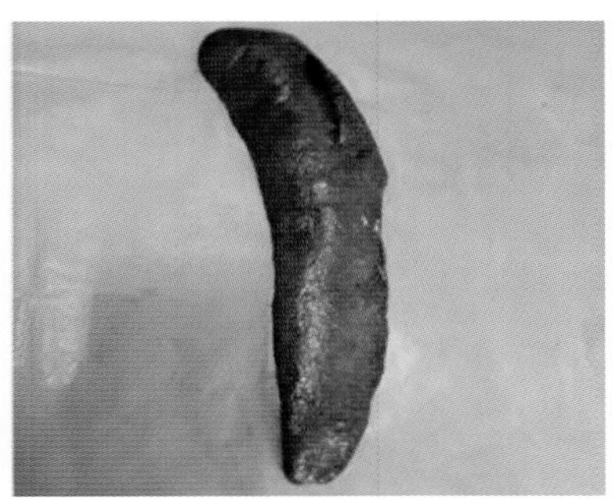

图6-51　网油、脾脏加工

（3）网油加工：将网油浸入25℃以下的水中清洗，并将淋巴、淤血、残存膈肌及寄生虫、脓胞摘除，洗净血污、粪污及其他杂质。上架沥水，并预冷至中心温度6℃以下交接使用或打盒入库冻结（图6-52）。

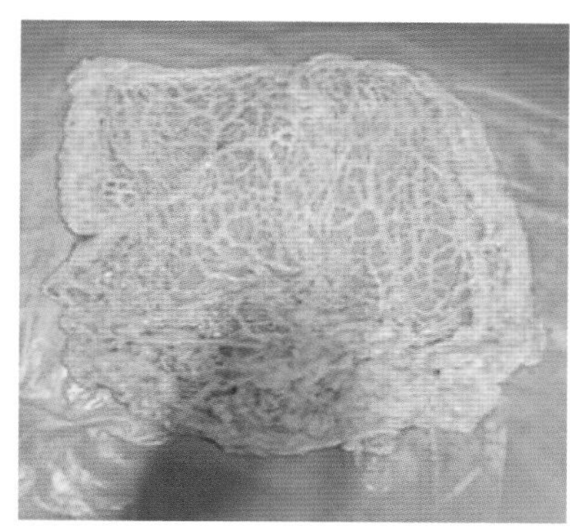

图6-52 网油加工

16. 胰腺的加工 从胰头摘起，用刀将膜与脂肪剥离，再将胰腺摘出，摘出的胰腺必须在1小时内进行包装，注意不能用水冲洗，以免水解（图6-53）。

功用：胰腺是制造胰岛素的重要原料，也是制造药用胰酶的原料，胰酶可助消化，用于缺乏胰液的消化不良症，有良好的疗效。胰腺还可做工业胰酶，是皮革工业中的重要鞣化剂。

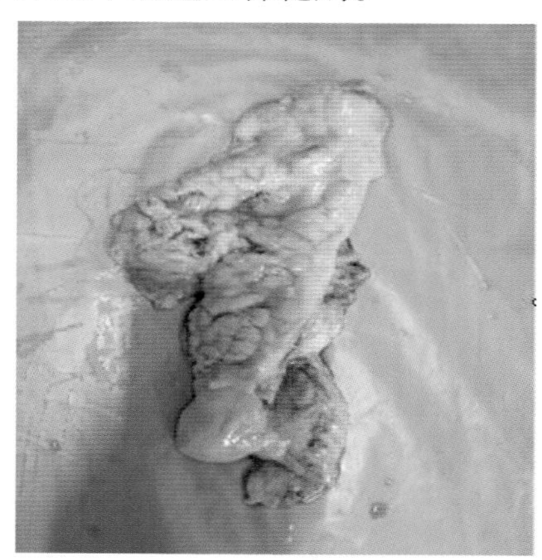

图6-53 胰腺加工

17. 子肠（生肠）的加工

（1）首先将生肠采摘下，避免在后道工序采摘时造成污染，紧贴括约肌处将生肠根剪断，从直肠系膜上分离出生肠（含生肠根），修净卵巢、胎盘、子宫颈处脂肪，表面无粪污，生肠完整、无破损，肠裙完好，色泽正常，无明显暗黑色（图6-54）。

（2）浸泡、预冷：加工好的生肠冲洗干净后称重，然后直接投入冰水中浸泡，浸泡时间4～6小时。浸泡水干净卫生。

（3）包装：用两个单层厚度4～5丝的聚乙烯塑料袋衬在泡沫箱中，将捞出的生肠直接放入袋中，然后加入冰水，加冰水量刚好平齐生肠面即可。直接加冰，生肠会发红。扎紧袋口，确保水分不泄漏，泡沫箱加盖后用胶纸粘牢封口，并对泡沫箱进行加固，加冰水量根据季节不同进行添加。箱体外表标注生肠重量（以浸泡前重量计）。

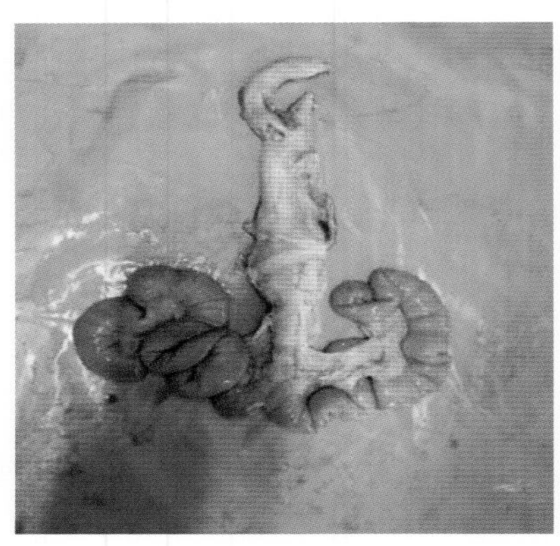
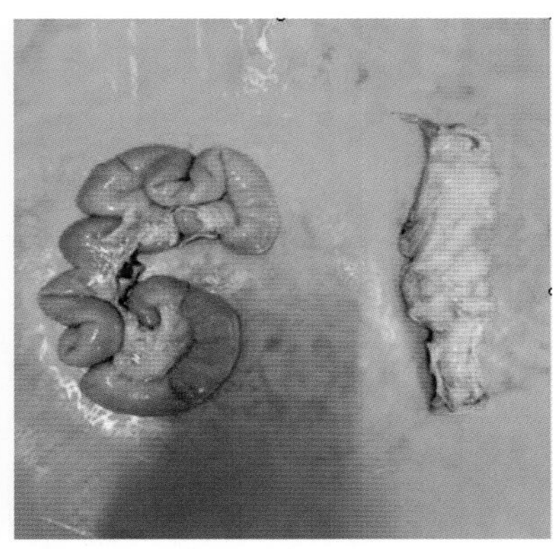

图6–54　子肠的加工

18. 十二指肠（小肠头）加工

（1）加工流程：剪小肠头→修整→冰水浸泡→包装。

（2）剪小肠头：从小肠末端（紧贴盲肠壁剪下小肠，小肠头端完整）开始向上截，小肠头长度为40厘米左右。要求小肠头剪断时两端平齐，其他部分不得破损。小肠头剪下后捋净小肠头肠道内容物，用力要适度，不能破坏小肠头的弹性（图6–55）。

（3）修整：用剪刀修去系膜上大块脂肪（不得用手撕），要求带脂肪适量、均匀。外膜完整不得破损，表面脂肪含量不得过9%（以重量百分比计），表面无粪污。

（4）冰水浸泡：用水冲洗净小肠头外表后，立即投入冰水混合物中浸泡，浸泡时间4～6小时，修整和浸泡可同时进行。浸泡水干净卫生。

（5）包装：浸泡后的小肠头捞出，每20根一把，头尾对齐，用片膜或塑料袋包裹，包裹后有条件的工厂可入预冷库上架存放，没有条件的工厂直接放入泡沫箱进行包装。

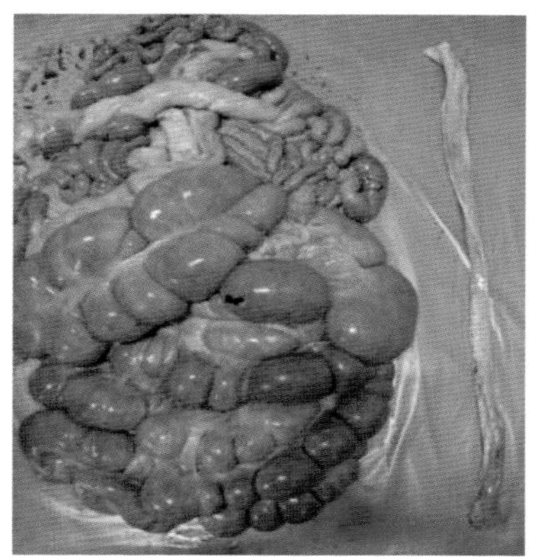
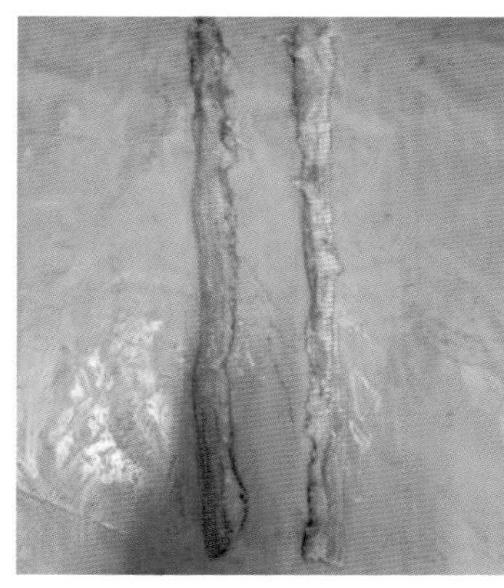

图6-55 剪小肠头

19. 小肚加工

（1）工艺流程：修剪→包装。

（2）修剪：将小肚从输尿管基部截取，修净肚口处的脂肪，挤出尿液。膀胱上带尿道长度0.5～1厘米，尿道开口≤1.5厘米。修去小肚口处的脂肪及小肚体上的结缔组织。不得修破表面白色肌膜、肚体。同时挤净尿液（图6-56）。

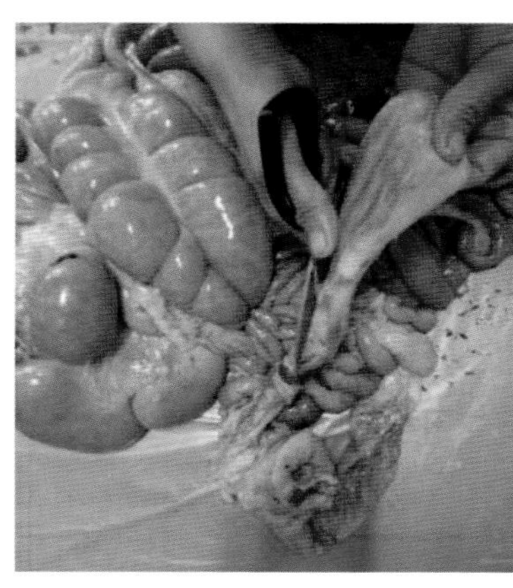
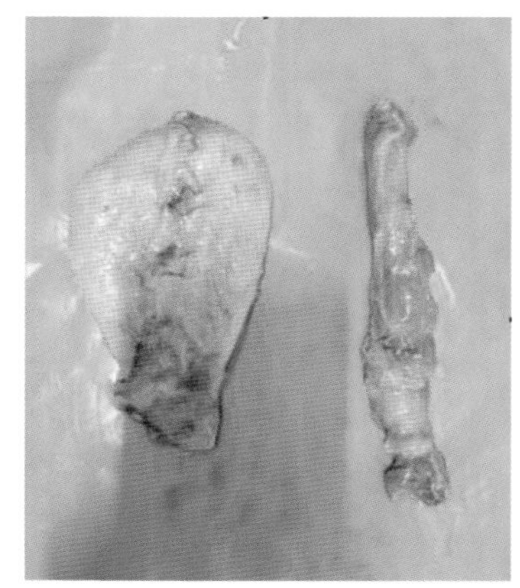

图6-56 修剪小肚

（3）包装：根据原料小肚加工要求，需要对加工好的小肚进行捋水，称重（2.5千克/盒）摆放整齐（图6-57）。

图6-57　小肚包装

20. 病变组织　病猪修割下来的病变组织器官，要经过无害化处理，处理后可制作成肉骨粉，作为动物性饲料。

第三节　生猪屠宰生产三项关键指标

一、综合出品率：90%～92%

指生猪屠宰后所有产品加工回收的重量占生猪的重量比例。（包含：白条、猪头、猪蹄、红脏产品、白脏产品、板油等）生猪的品种、空食时间和生猪静养时间延长会直接影响综合出品率的降低。

二、头皮肉出品率：79%～81%

指生猪屠宰后毛白条占生猪的重量比例。一般用于生猪收购的结算。（包含：白条、板油、猪头等，根据屠宰流程工艺不同，包含产品有所差异）

三、白条出品率：70%～71%

指生猪屠宰按照市场鲜销工艺标准加工后的净白条占生猪的重量比例。（不包含腮肉）

第七章　猪肉深加工管理

第一节　猪体各部位名称

熟悉猪体各部位的名称，对生猪屠宰加工及分割工艺和肉品卫生检验都非常有必要。

猪体从表面可分为头、颈、躯干、尾、前肢和后肢等部位，由骨骼、关节、肌肉和皮肤构成，如图7-1所示。

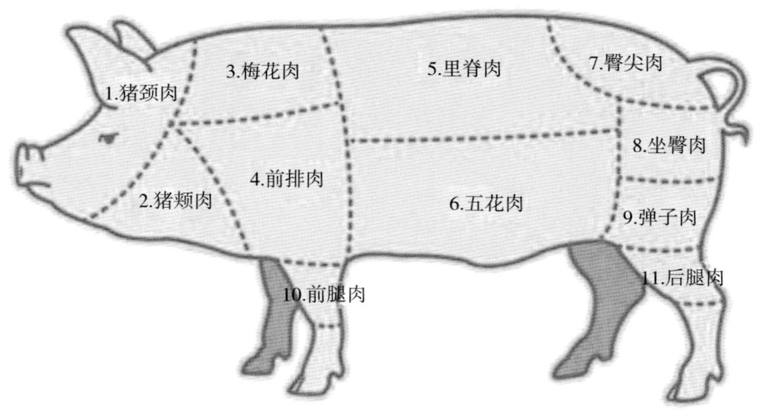

图7-1　猪体各部位名称

1. 猪颈肉（凤头肉、猪耳、猪舌、猪脑、猪血）；2. 猪颊肉（脖子肉）；3. 梅花肉；4. 前排肉（前排、扇骨、月亮骨）；5. 里脊肉（外脊肉、里脊肉、龙骨、大排）；6. 五花肉；7. 臀尖肉（尾骨、猪尾巴）；8. 坐臀肉；9. 弹子肉；10. 前腿肉；11. 后腿肉

第二节　猪白条的分割标准

根据分割方式的不同，可分为欧式分割和中式分割。

1. 欧式分割将猪白条分为六分体（前段、中段、后段）。然后对六分体进行细分割，产生皮类、膘类、精瘦肉类等产品。主要是国外的分割方式。

2. 中式分割是将猪白条按照客户或消费者的要求分割成许多组合类产品，比如带皮前后腿肉、中方肉、前后上肉，软前后段，通排，等等。目前中国采取的分割方式。

猪白条的分割加工也是屠宰加工的一部分。白条分割根据部位进行不同的加工，现分述如下。

一、猪白条的欧式加工标准（六分体的锯分）

1. 脱钩

操作标准：将白条自动脱落于传送带上，使每片猪腹腔面朝上，用刀沿脊骨分离掉小里脊。注意：单钩脱钩时不可自动脱钩，要手动脱钩，以免损坏机器。

2. 白条分段后段锯

操作标准：调顺猪胴体，自腰椎与荐椎结合处（自腰椎骨节1.5节处）锯下后腿（图7-2）。

3. 白条分段前段锯

操作标准：调顺猪胴体，对准第5～6根肋骨中间将前段与中段锯开。

关键控制点：控制前段保留5根肋骨（含第一根锁骨）（图7-3）。

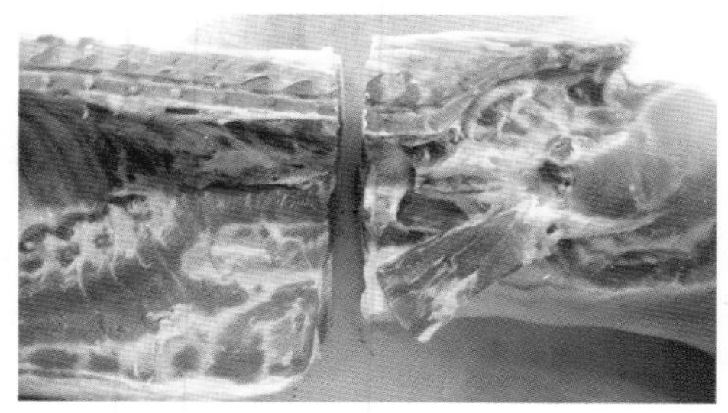

图7-2　白条分段（后段）

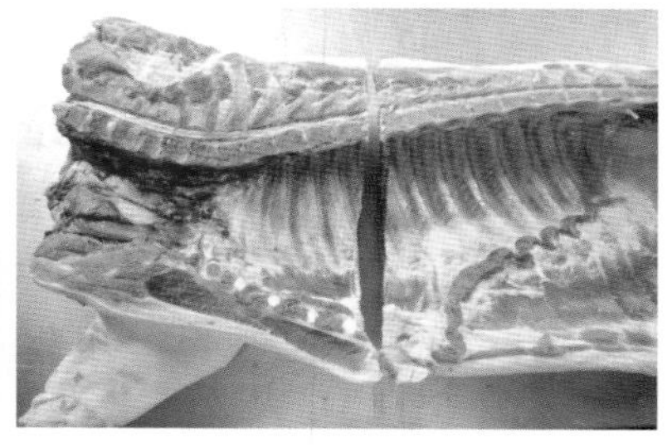

图7-3　白条分段（前段）

二、猪白条的中式加工标准（公司现在执行的分割方式）

1. 前段的分割

（1）前段的分割流程：前段→分面→扒膘、修面→去皮→剔骨→产品修整。

（2）前段的分割标准、方法及关键控制指标：

①分割（图7-4，图7-5）

加工标准：割去胸腔入口处结缔组织、淋巴结。先从背部脂肪与肌肉结合处下刀使之分离，左手扶前排边缘，持刀从前排与前腿中间肌膜处下刀，刀尖紧贴扇骨板，向前推刀将颈背肌肉（俗称1#肉）与前腿肌肉（俗称2#肉）分离。

关键控制点：1#肉无刀伤、月牙骨不带肉、不破损。

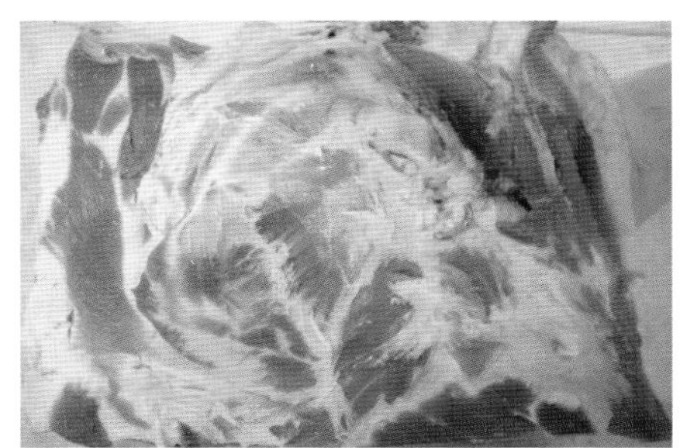

图7-4 分 割

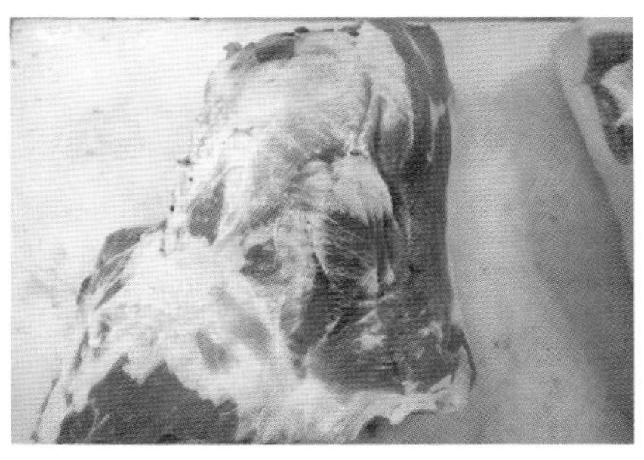

图7-5 分割后

②剔颈背肌肉（图7-6）

加工标准：刀贴肋骨表面剔颈背肌肉，再沿颈骨边缘剔下颈背肌肉，要求下刀用力均匀，颈骨外缘棘突带肉均匀，厚度1.0～1.5厘米，不得露骨；前排表面肌膜完整。

关键控制点：颈背肌肉无刀伤、前排带肉均匀。

③扒前腿膘（图7-7）

加工标准：一手扣住皮膘，一手持刀。刀锋沿肥膘与肌膜结合部扒掉肥膘，保持前腿肉肌膜完整。

关键控制点：前腿肌膜不破损、肥膘无刀伤、少带红肉。

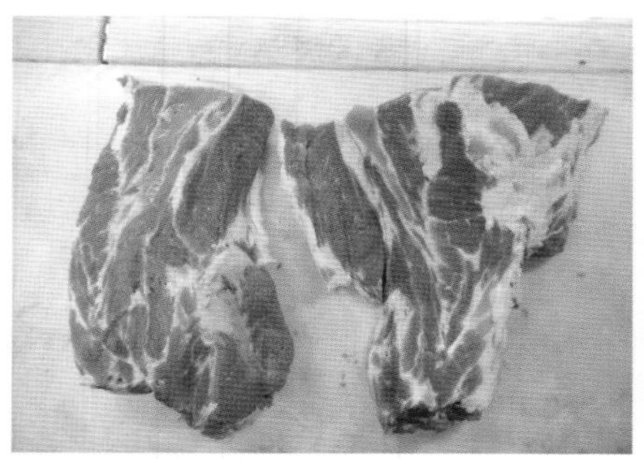
图7-6　剔颈背肌肉

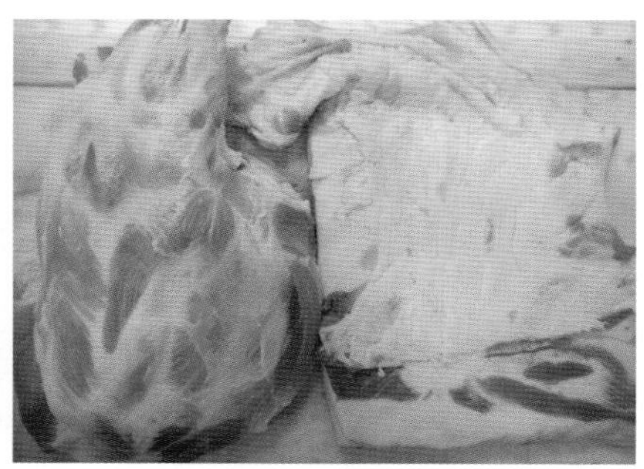
图7-7　扒前腿膘

④修整颈背肌肉（图7-8）

加工标准：去表面大块脂肪，不许深挖夹层脂肪，修整后保持表面平整。块形完整，因淤血等原因进行修割后块形不完整的颈背肌肉，其块形不得小于自然块形的3/4。要求无伤斑、碎骨、软骨、淤血、淋巴结、脓包、浮毛等杂质。要求划检脓包，检验刀口，产品最大长度小于20厘米。

⑤修前排（图7-9）

加工标准：修割掉胸腔入口处淤血、淋巴结、结缔组织；修掉背部软脂肪。无炎症、骨质增生等病变。

关键控制点：个别颈骨处针眼、脓包要修掉。

图7-8　修整颈背肌肉

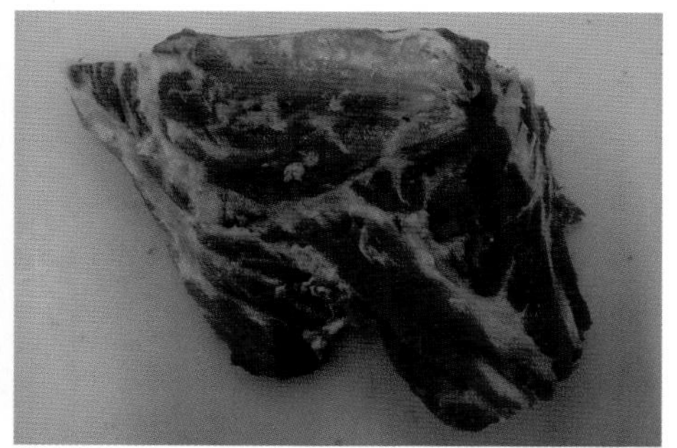
图7-9　修前排

⑥修前腿膘（图7-10）

加工标准：先修掉皮膘表面病变组织、淋巴结、淤血等下料。用环形修整刀修掉表面瘦肉，根据瘦肉情况将修下瘦肉部分将其修割成2：8或3：7碎肉。

图7-10 修前腿膘

关键控制点：皮膘不带红肉、无刀伤，2∶8或3∶7碎肉不含淋巴结。

⑦修前腿（图7-11）

加工标准：修净前腿肌肉表面碎脂肪，肌间脂肪可略修，保持肌膜完整。

关键控制点：无可见块状脂肪、肌膜不破。

⑧剔前腿骨（图7-12）

加工标准：刀尖沿月牙骨软骨与扇骨交界处下刀剔掉月牙骨，要求月牙骨完整不破损。左手压住扇骨，刀尖沿扇骨与前腿骨关节处割断，沿扇骨边缘下刀剔掉扇骨，根据产品要求可做成带肉扇骨或扇骨。沿前腿骨边缘下刀，保留一层瘦肉将前腿骨剔掉，保证不露骨带肉均匀，带肉率30%～35%。

关键控制点：月牙骨完整，扇骨、前腿骨带肉均匀，前腿肌肉避免刀伤。

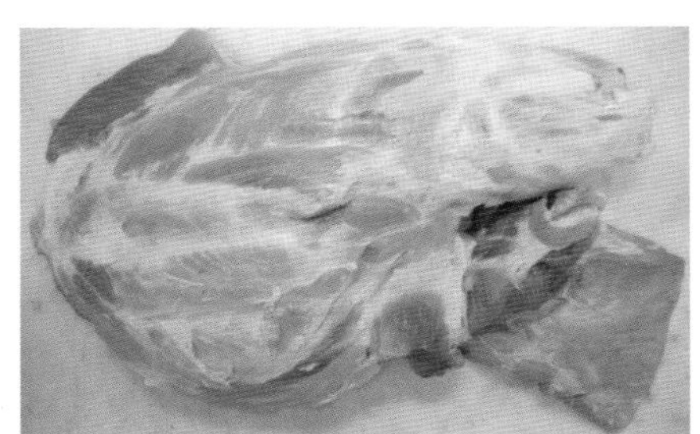
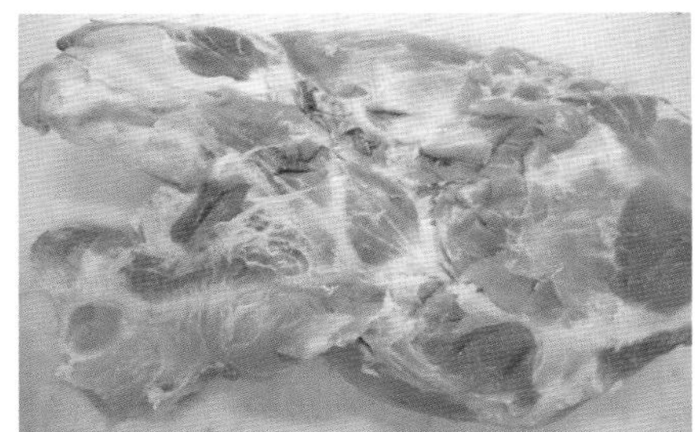
图7-11 修前腿

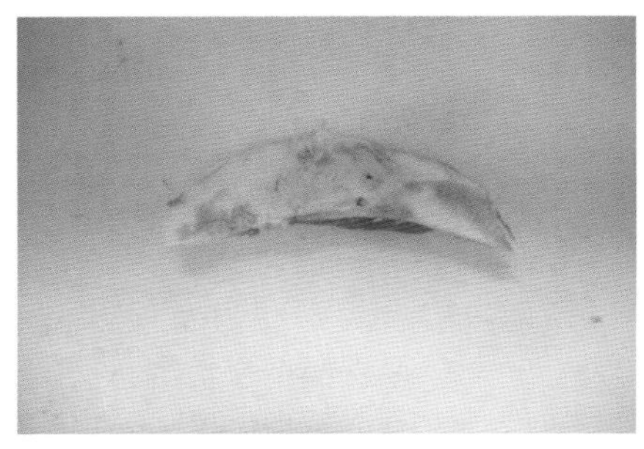
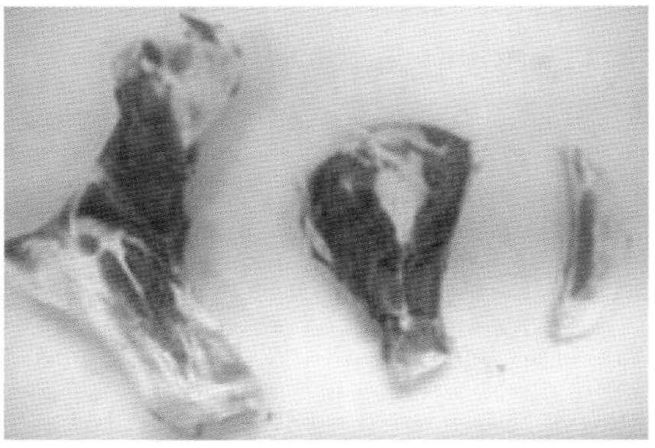
图7-12 剔前腿骨

⑨修肥膘（图7-13）

加工标准：分割白条时，从白条的前、中、后三部位扒下的大块脂肪组织，呈白色或粉白色，单块重量不低于150克。按要求分成肥膘、脊膘、碎肥膘外观无可见红肉、无淤血、皮块、外露异常淋巴结、浮毛等杂质。

⑩修肉皮（图7-14）

加工标准：指分割前中后段肥膘割下的猪皮，去净皮油，要求四边修割整齐，不带软皮。严重鞭伤、淤血、毛茬等杂质，无炎症等病变。据要求分成肉皮、脊皮。

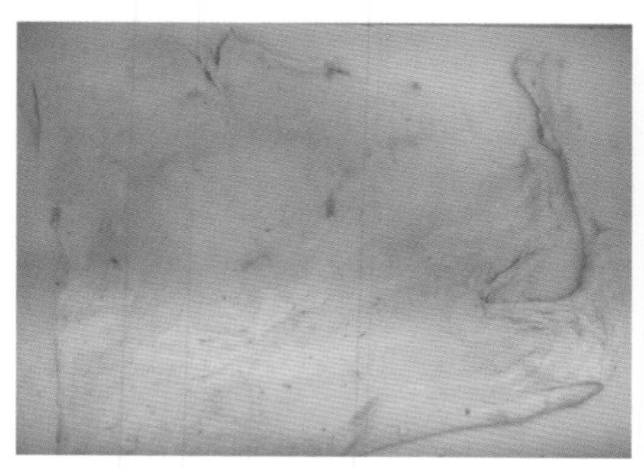

图7-13　修肥膘

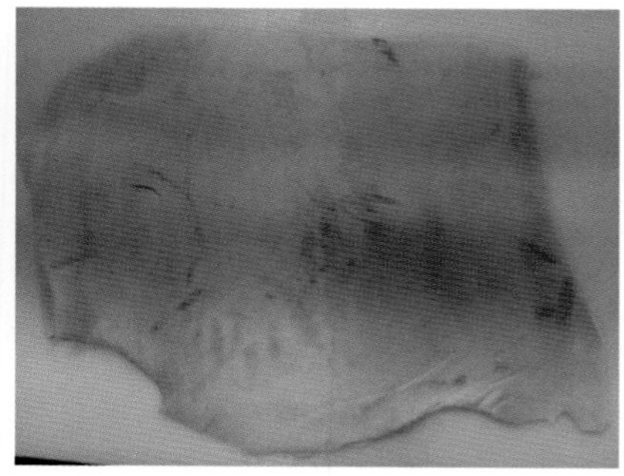

图7-14　修肉皮

⑪精修前腿肌肉（图7-15）

加工标准：肉块形完整，表面无刀扎肉伤口，保持肌膜完整，表面无块状脂肪。修净骨渣、软骨、大筋腱、淤血、淋巴结、脓包、浮毛等杂质，无伤斑、炎症等病变。

2. 中段的分割

（1）中段的分割流程：中段→锯大排→扒大排→扒肋排→剔3#肉→修膘→产品修整。

（2）中段的分割标准、方法及关键控制指标：

①扒大排（图7-16）

加工标准：一手把持大排，刀沿3#肉肌膜与脊膘结合处扒下大排，注意不能伤及大排肌肉肌膜，面上不能带多余脂肪，修去残留膈肌及周围碎板油、碎小里脊。

关键控制点：3#肉无刀伤、少带膘，脊膘完整无刀伤。

图7-15 精修前腿肌肉

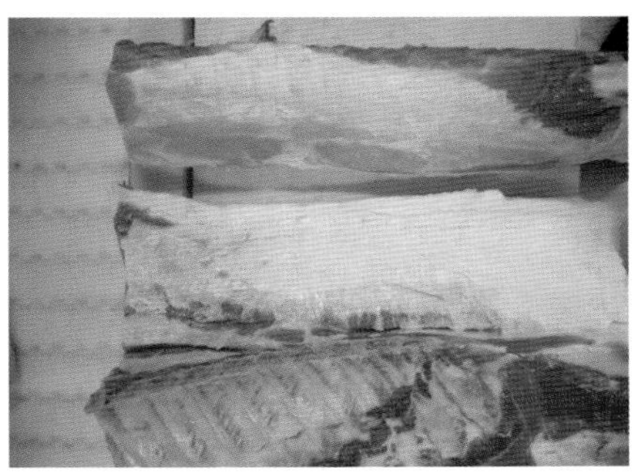

图7-16 扒大排

②扒肋排（图7-17）

加工标准：首先根据腩肉轮廓，按照标准要求在腹肋软骨末端向外延伸2厘米处划出肋排轮廓，然后从肋骨断面处下刀，根据肋骨走向和产品标准要求带肉量，扒下肋排。

关键控制点：五花不露白、无刀伤，肋骨不露骨。

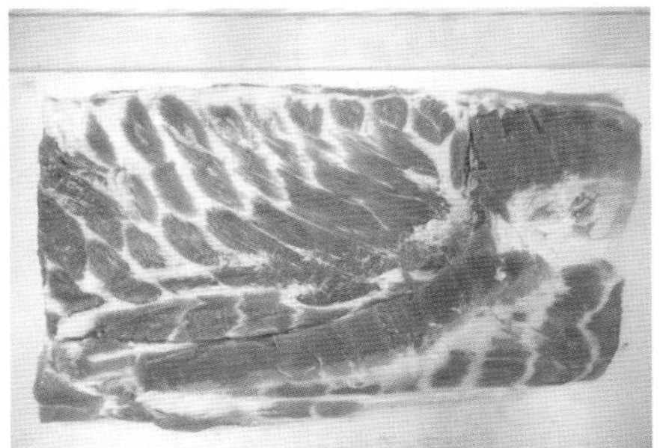

图7-17 扒肋排

③剔3#肉（图7-18）

加工标准：脊骨平面朝下，刀锋顺肋骨边向下划开，然后翻转过来，从脊骨边缘持刀割掉3#肉。

关键控制点：3#肉骨面不能有刀伤，脊骨带肉均匀1～2毫米，“V”形角处残留大排肌肉厚度不超过0.5厘米。且不露骨，不得破坏肋间肌。

④修3#肉（图7-19）

加工标准：手持3#肉，肌膜向上，平刀去除表面脂肪，削去边缘脂肪及多余碎肉，修掉脊骨端残余碎骨渣。

关键控制点：保持肌膜完整，无刀伤。

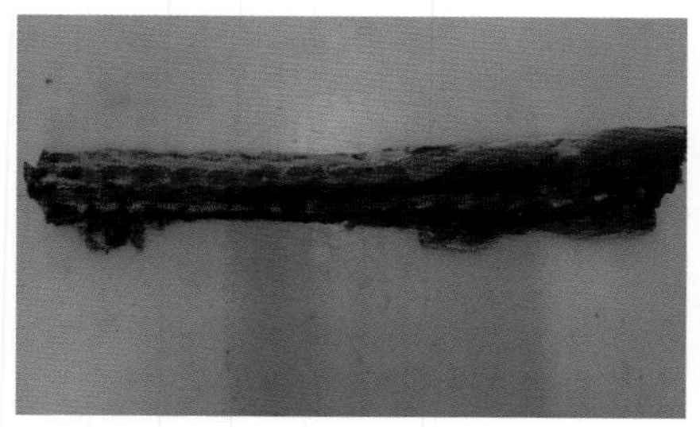

图7-18　剔3#肉

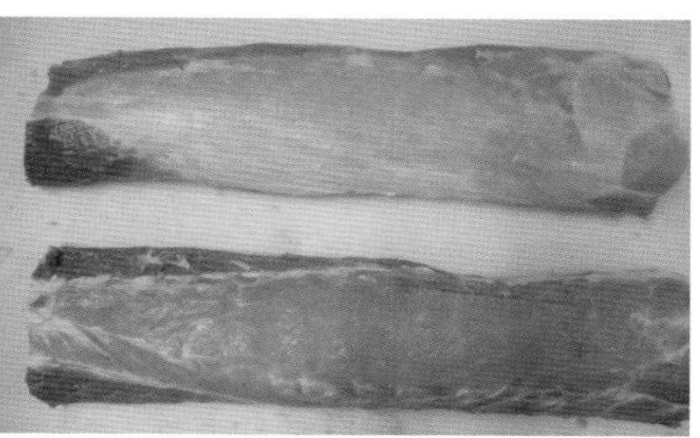

图7-19　修3#肉

⑤修脊膘（图7-20）

加工标准：背部肥膘，呈自然的长条形，色泽呈白色或乳白色，有光泽。修净表面红肉，无夹层肉。修净表面淤血、皮块、鞭伤等杂质。

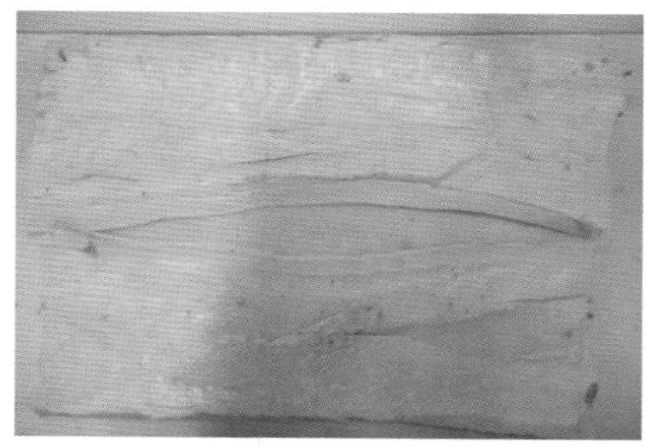

图7-20　修脊膘

⑥修五花（图7-21）

加工标准：平刀修掉胸软骨，修掉软骨表面脂肪，翻转过来皮面朝上，从奶头内侧，刀尖紧贴奶头内侧斜刀修下奶脯及多余脂肪，注意不伤及腹肌，根据市场要求是否修掉“大头肉”。根据五花皮面情况（严重鞭伤、黑毛等）加工去皮五花。

关键控制点：刮净残毛，去掉胸软骨。

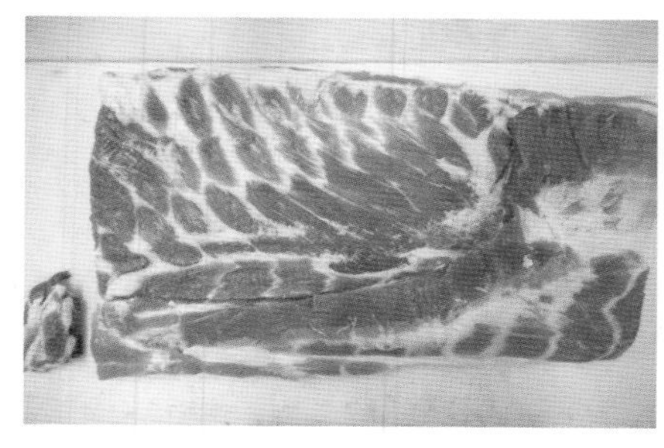

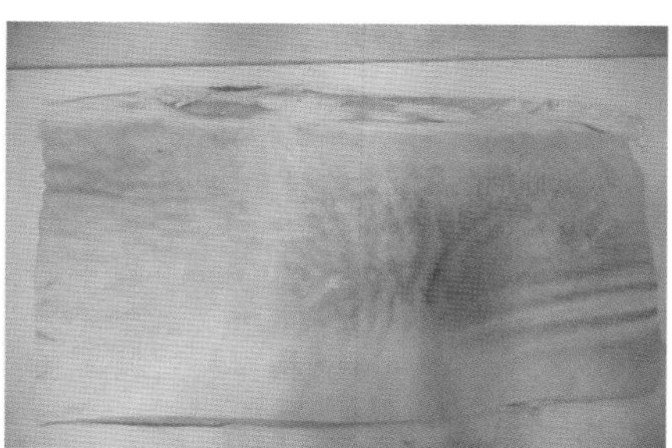

图7-21　修五花

3. 后段的分割

（1）后段的分割流程：后段→扒膘、修面→去皮→剔骨→产品修整。

（2）后段的分割标准、方法及关键控制指标：

①扒后腿膘（图7-22）

加工标准：一手抓住皮膘边缘，一手持刀，刀锋沿肥膘与肌膜结合部扒掉肥膘，保持后腿肉肌膜完整，使后道工序加工少产生碎膘、碎肉。

关键控制点：后腿肌膜不破损、肥膘无刀伤、少带红肉。

②修后腿膘（图7-23）

加工标准：先修掉皮膘表面病变组织、淋巴结、淤血等下料。用环形修整刀修掉表面瘦肉，根据瘦肉情况将修下瘦肉部分将其修割成2：8或3：7碎肉。

关键控制点：皮膘不带红肉、无刀伤，2：8/3：7碎肉不含淋巴结。

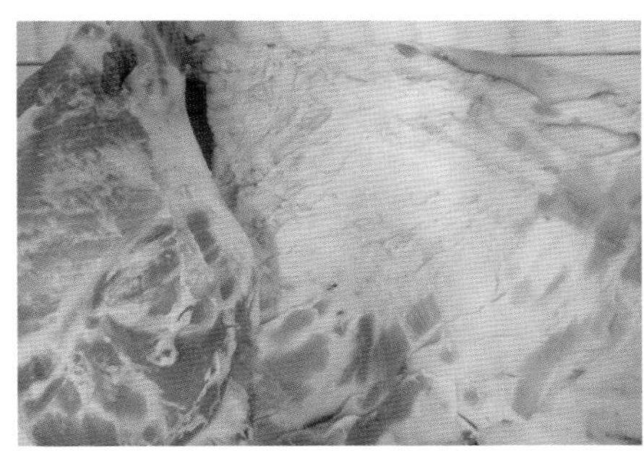

图7-22 扒后腿膘

图7-23 修后腿膘

③修后腿（图7-24）

加工标准：修净前腿肌肉表面碎脂肪、外漏淋巴结、筋腱、皮块，保持肌膜完整。

关键控制点：无可见块状脂肪、肌膜不破损。

④剔尾叉骨（图7-25）

加工标准：手按后腿，刀走叉骨与腿骨关节处，切断筋腱，剔下尾叉骨，根据市场要求控制带肉率，尾叉骨“V”形处不得掏空，表面带肉均匀。

关键控制点：带肉均匀，产品不露骨，后腿肌肉无刀伤。

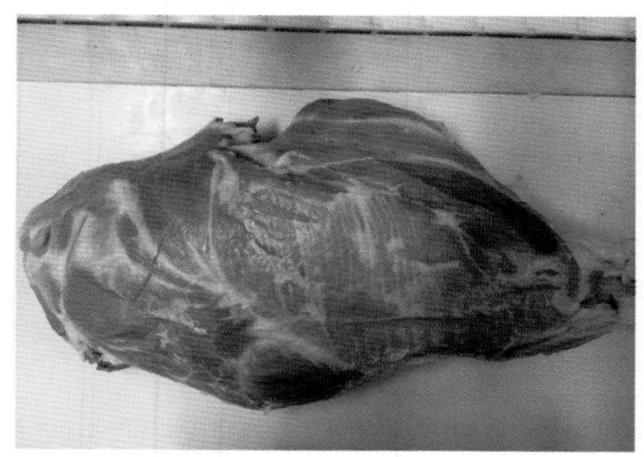

图7-24　修后腿

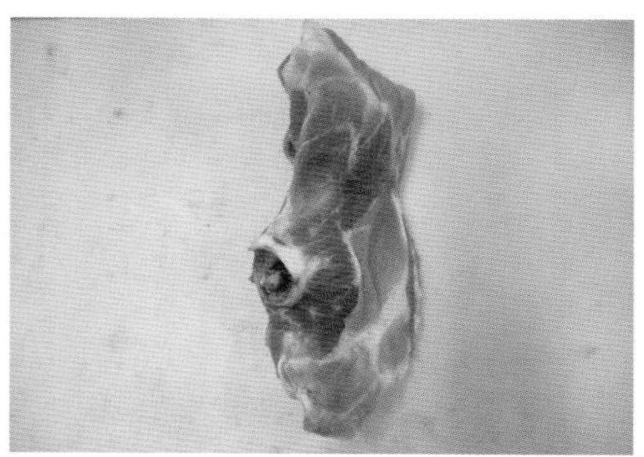

图7-25　剔尾叉骨

⑤剔后腿骨、寸骨（图7-26）

加工标准：自胫骨下刀，沿肌肉走向剥离后腿腿弧，然后自内腿肉与元宝肉组织处划开，露出股骨、刀沿骨肉结合处剔下腿骨。腿骨根据市场要求不同控制不同带肉率，表面带层均匀瘦肉。剔除寸骨时使其1/2端带肉，1/2端不带肉，形状为纺锤形，保留骨柄，外表美观。

关键控制点：腿骨带肉均匀不露骨、腿肉无明显大刀伤。

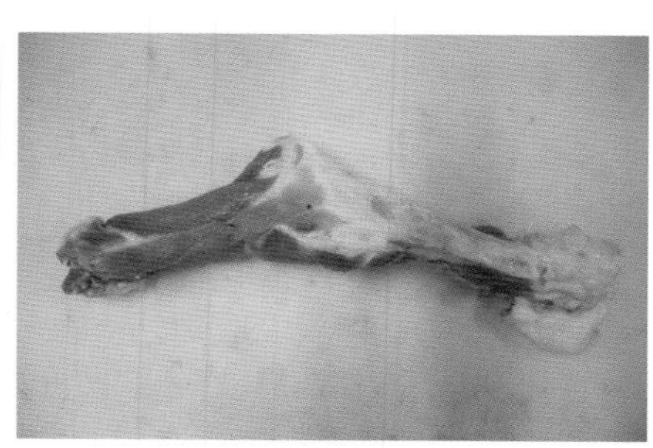

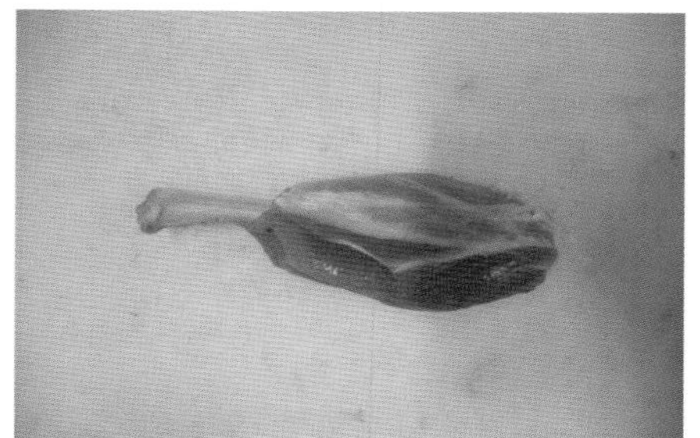

图7-26　剔后腿骨、寸骨

⑥精修后腿肌肉（图7-27）

加工标准：肉块形完整，表面无刀扎肉伤口，保持肌膜完整，表面无块状脂肪。修净骨渣、软骨、大筋腱、淤血、淋巴结、脓包浮毛等杂质，无伤斑、炎症等病变。

关键控制点：3#肉无刀伤、少带膘，脊膘完整无刀伤。

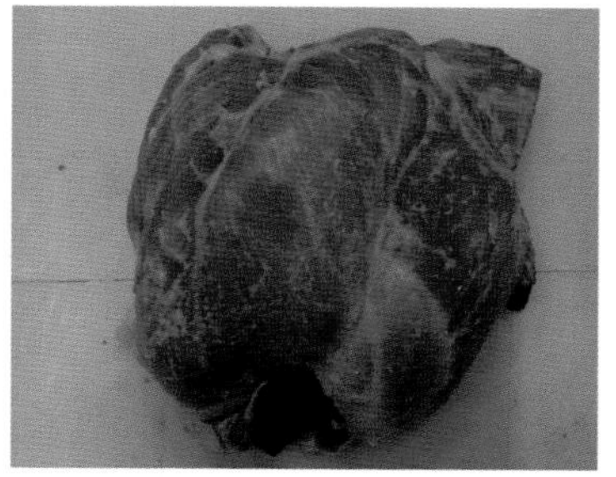

图7-27　精修后腿肌肉

第三节 中式组合类优鲜产品的分割及介绍

一、前段可分割组合类优鲜产品

1. 软前段（图7-28）

加工方法：将完整前段依次剔除前排，前腿骨、扇骨、月牙骨。然后修净残留淤血、骨渣、碎脂肪等。

2. 带皮前腿肉（图7-29）

加工方法：加工方法同软前段，在软前段的基础上去除带皮颈背肌肉。然后修净残留淤血、骨渣、碎脂肪等。

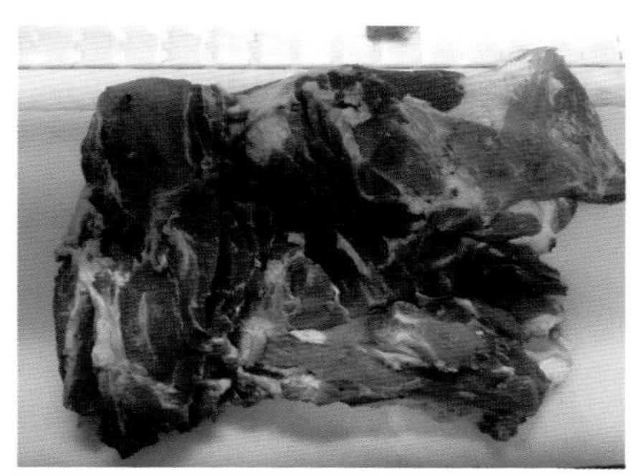

图7-28 软前段

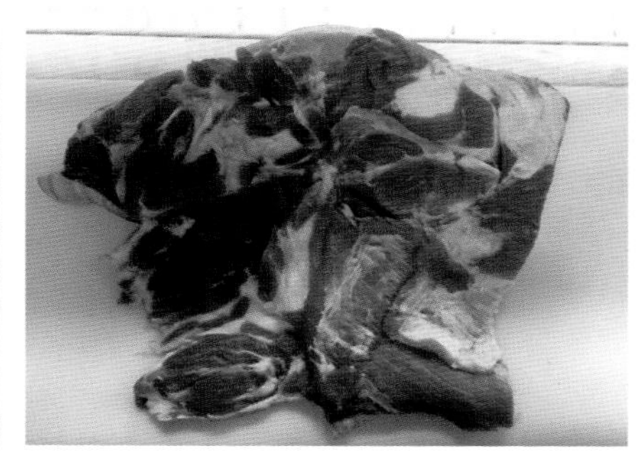

图7-29 带皮前腿肉

3. 带皮颈背肌肉（图7-30）

加工方法：将颈背肌肉带皮从前段上割下，修净表面脂肪、淤血。

关键控制点：另一面膘肉分离部分不可超过1/3。

4. 带皮前上肉（图7-31）

加工方法：一手抓住皮膘边缘，一手持刀，刀锋沿肌肉与肥膘等厚处下刀，使前腿肌肉与肥膘占比1：1左右分离下来。

关键控制点：带肉率50%±2%，带肉均匀。

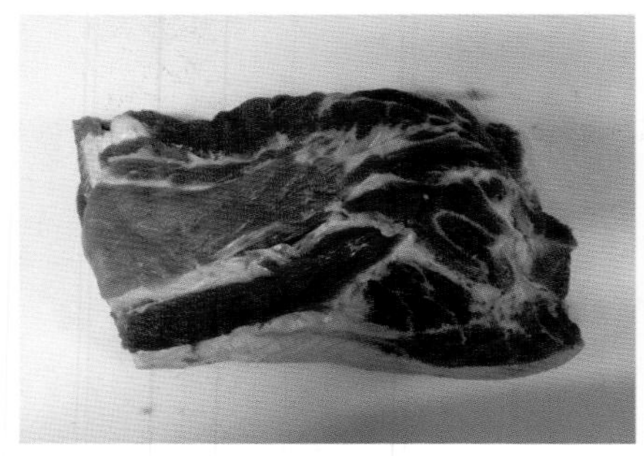

图7-30　带皮颈背肌肉

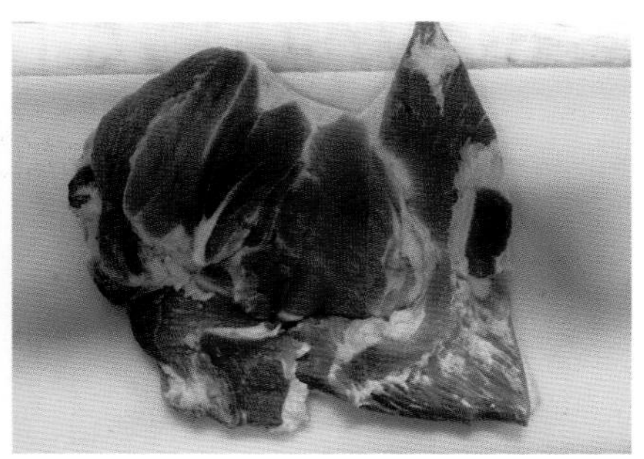

图7-31　带皮前上肉

5. 带皮前花腰（图7-32）

加工方法：加工方法同前上肉，带肉率下降到25%，修净表面脂肪、淤血。

关键控制点：带肉率25%±2%，带肉均匀。

6. 带皮前肘（图7-33）

加工方法：先将前腿用刀画圈，将扇骨、肘骨剔下，然后用锯或者砍刀将前肘取下。

关键控制点：以皮包住肉为宜。

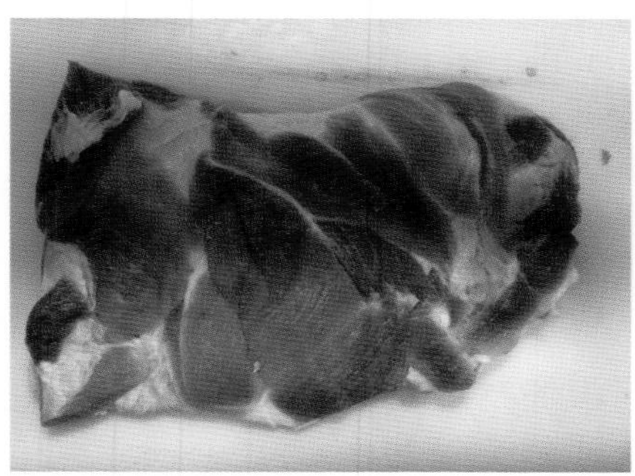

图7-32　带皮前花腰

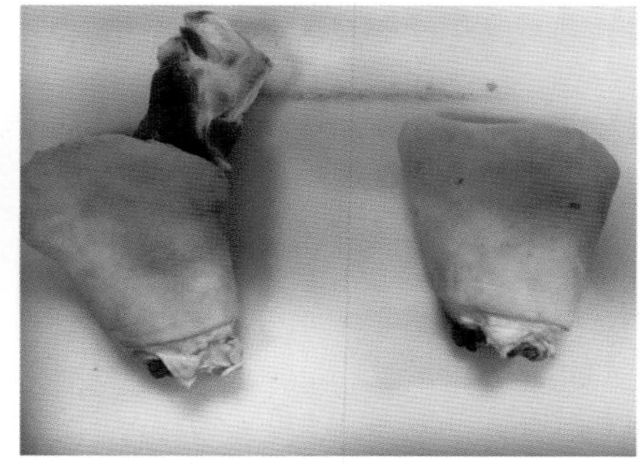

图7-33　带皮前肘

二、中段可分割组合类优鲜产品

1. 通排（图7-34）

加工方法：将白条后段锯下，保留中前段，将中前段所有排骨连同脊骨剔下即为通排。

关键控制点：排骨不露骨、带肉均匀；五花不露白，不影响分层。

2. 中排（图7-35）

加工方法：加工方法同通排，将中段所有排骨剔下即为中排。

关键控制点：排骨不露骨、带肉均匀；五花不露白，不影响分层。

图7-34　通　排

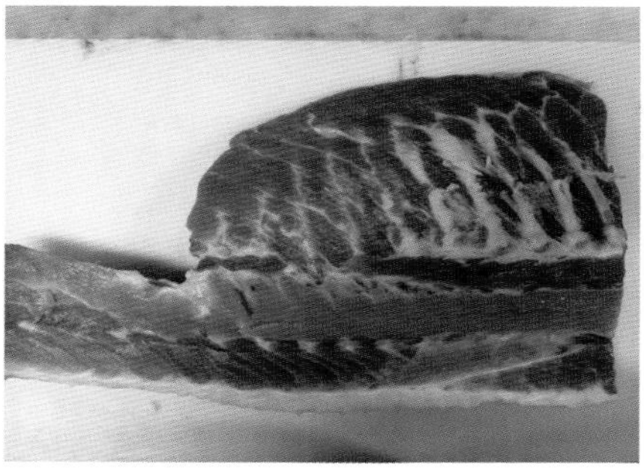

图7-35　中　排

3. 带3#肉五花（图7-36）

加工方法：将完整的中段剔除中排后所得即为带3#肉五花，斜刀打掉奶脯。

关键控制点：五花无刀伤，不露白。

4. 带皮3#肉（图7-37）

加工方法：将带3#肉五花从3#肉与五花连接处割开，所得上半部分即为带皮3#肉。

图7-36　带3#肉五花

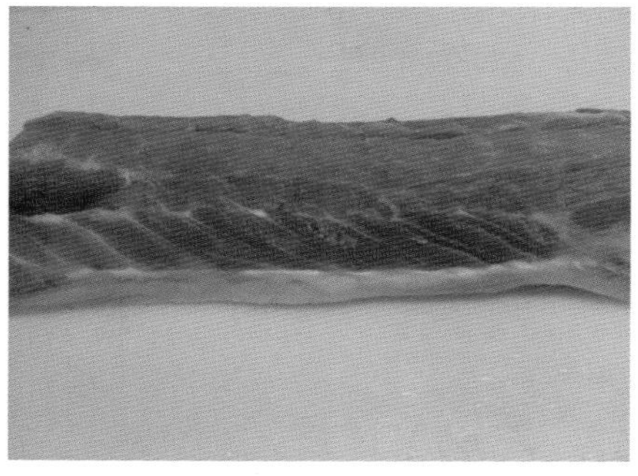

图7-37　带皮3#肉

三、后段可分割组合类优鲜产品

1. 软后段、后肘（图7-38）

加工方法：将后段从肘关节处下刀，割掉后肘，然后剔除尾叉骨、后棒骨，所得产品即为软后段。

关键控制点：后腿肌肉无明显刀伤，修净残留碎脂肪、淤血、淋巴。

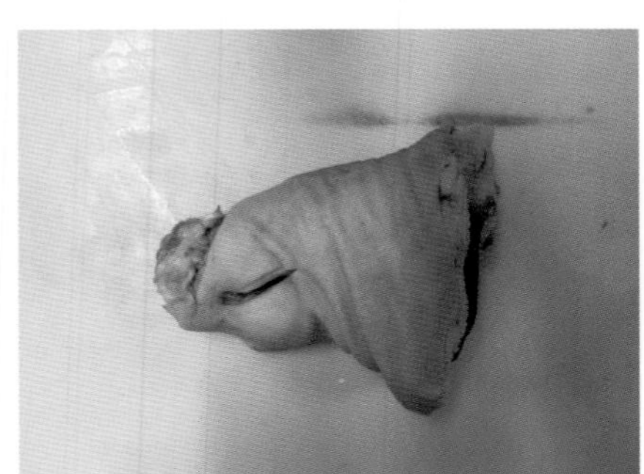

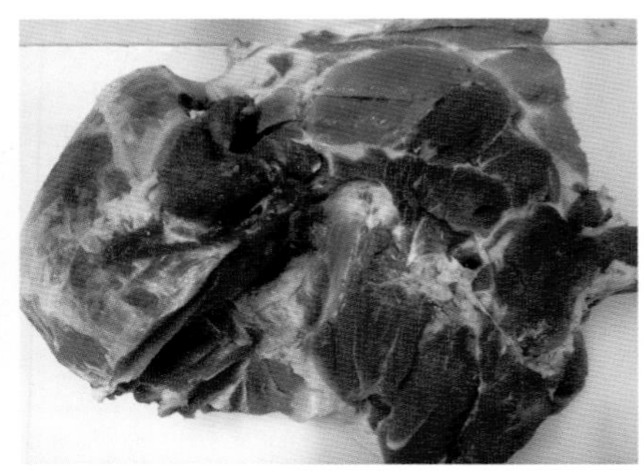

图7-38　软后段、后肘

2. 带皮后腿肉（图7-39）

加工方法：将完整的后段去除肘部及腿窝处软膘肉皮，剔除尾叉骨、后棒骨后所得产品即为带皮后腿肉。

关键控制点：后腿肌肉无明显刀伤，修净残留碎脂肪、淤血、淋巴。

3. 后上肉（图7-40）

加工方法：加工方法同前上肉。

关键控制点：带肉率50% ± 2%，带肉均匀，肌肉面无刀伤。

图7-39　带皮后腿肉

图7-40　后上肉

4. 后花腰（图7-41）

加工方法：加工方法同前花腰。

关键控制点：带肉率25%±2%，带肉均匀，肌肉面无刀伤。

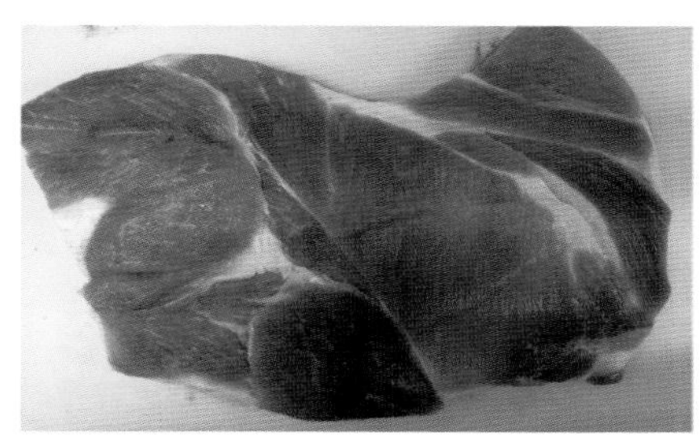

图7-41　后花腰

第四节　猪肉产品的包装

一、鲜品包装

1. 正大鲜品包装（图7-42）　方式全部采用食品级塑料周转筐，内置PE方底袋盛放，印有正大标志的胶带封口，运输方便快捷，而且产品不易污染。

图7-42　鲜品包装

2. 分割鲜品的包装　主要分为定量包装和不定量包装。其中，定量包装主要分为1千克、5千克、10千克、15千克装；不定量包装产品主要集中一些自然块产品，例如带皮前后腿肉，软后段、通排、中排、中方等产品。

二、冻品包装

1. 冻品的分类包装　分割冻品主要分为号肉类、皮腰类、骨类、花肉类等。其中，号肉类产品先用片膜裹成圆柱状然后装不锈钢盒盘；皮腰类直接装入内置方底袋的不锈钢盒盘中，然后转入-35℃库中速冻。骨类产品直接装箱。

2. 号肉类（图7-43）

包装要求：先用片膜裹成圆柱状，贴上小动检标签，整齐摆放到装有方底袋的不锈钢盒盘中，用胶带封好。

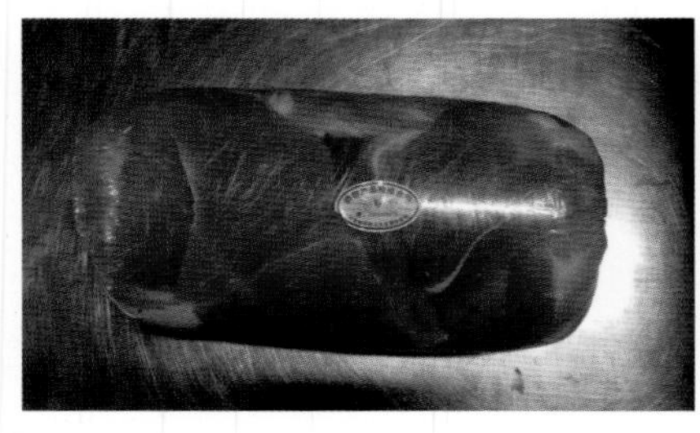
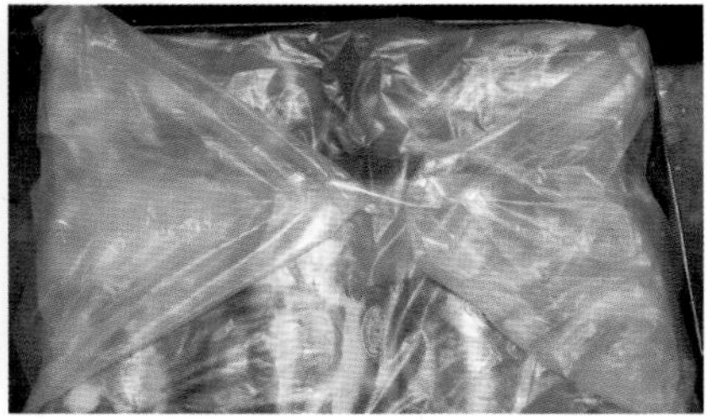

图7-43　号肉类

3. 皮膘类（图7-44）

包装要求：整齐平铺在不锈钢盒盘中，封口处互相折叠进去，放入合格证，用胶带封好。

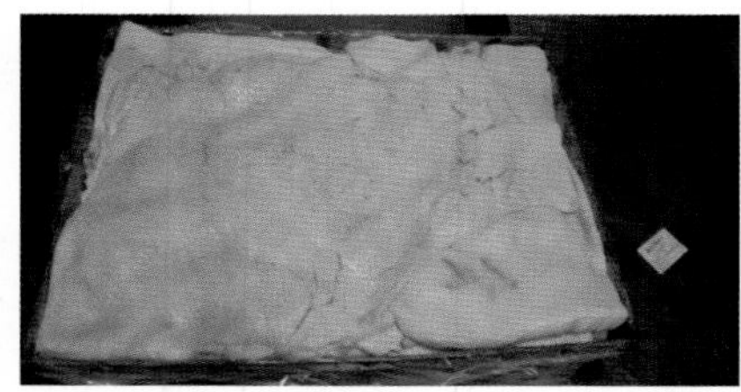
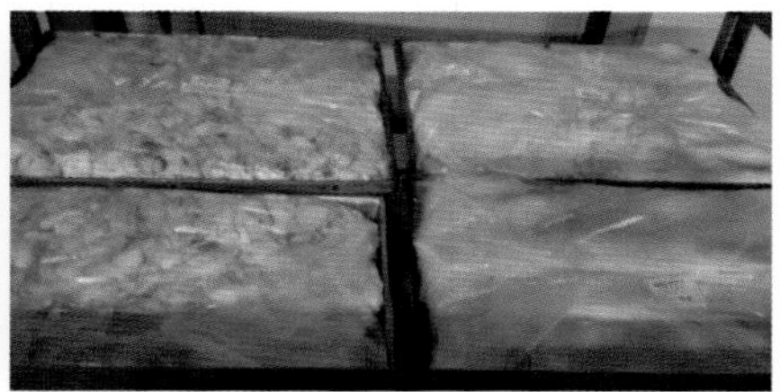

图7-44　皮膘类

4. 骨（排）类（图7-45）

包装要求：在纸箱外部盖上生产批号（清晰可见），内置方底袋将产品整齐摆放纸箱内。肋排、前排单块用片膜包裹后整齐摆放到箱子内。

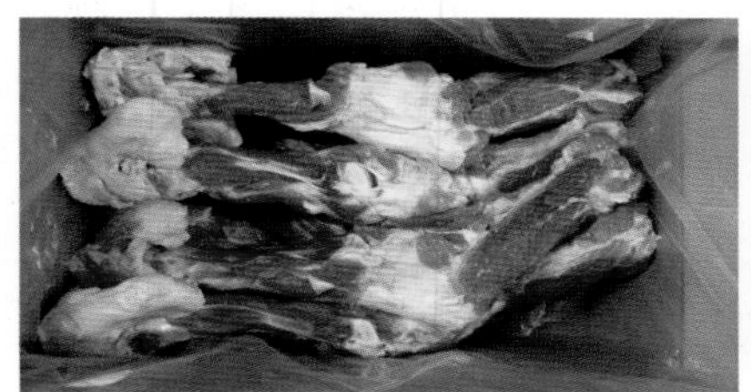

图7-45　骨（排）类

第八章　猪各类疾病的检验

第一节　常见猪传染病的检验

一、炭　疽

炭疽是由炭疽杆菌引起的呈散发性或地方流行性的人畜共患病，以牛、羊、马等草食动物最易感，猪有一定的抵抗力，猪亚急性病例主要表现为咽喉部急性肿胀，而慢性炭疽多在宰后检验发现；人患病表现为局部炭疽、肺炭疽和胃肠炭疽，严重时也可引起败血症。

1. 宰后鉴定　猪慢性局部性炭疽主要见于淋巴结，有时见于肠系膜淋巴结，十二指肠及空肠的前段（肠炭疽）。肺炭疽和败血炭疽罕见。

淋巴结的典型变化是肿大数倍，切面干燥，脆而硬，呈一定的砖红色，有数量不等的黑红色或者淡灰黄色的小坏死灶，淋巴结周围有淡红黄色的胶样浸润。如果感染时间较短，淋巴结略肿大，切面呈粉红色（或黑红色），有凹陷的小坏死灶，淋巴结周围水肿或者是黄色胶样浸润。如果感染时间较长，病灶陈旧时，淋巴结中等程度肿大，切面呈淡灰色或淡红色，坏死灶不明显，包膜增厚，周围胶样浸润减少，有的淋巴结有小化脓灶（图8-1）。

2. 处理建议

（1）猪宰后发现可疑炭疽后，应立即停止生产，封锁现场，接触病猪的生产人员，禁止到处走动，以免扩大污染。由检验人员割取部分病变装转入玻璃或搪瓷容器内，送化验室首先触片镜检，然后再做细菌培养和动物接种试验等。如果触片镜检发现具有荚膜的竹节状大杆菌时，即可作为炭疽处理，立即将胴体、内脏及一切副产品，用密闭容器送去销毁。现场和工具彻底消毒、洗刷、清扫后恢复生产。

（2）凡被炭疽污染的胴体、内脏及副产品，必须在6小时内做高温处理后利用。超过6小时的应化制或销毁。

（3）镜检不能确诊的，应进行细菌培养，动物接种或沉淀反应，确诊后按上述方法处理。在确诊其前应将胴体、内脏暂时放在特定的隔离冷藏室内，待确诊后在处理。

（4）对有关人员使用的工具和衣着应换下进行彻底消毒，更换工作衣、靴和用具后在进行工作。

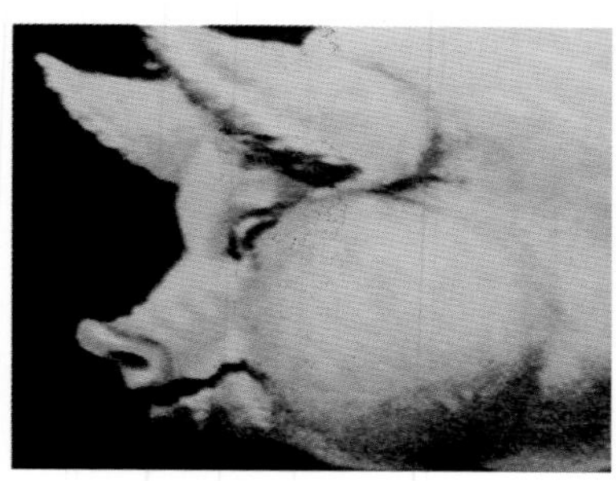

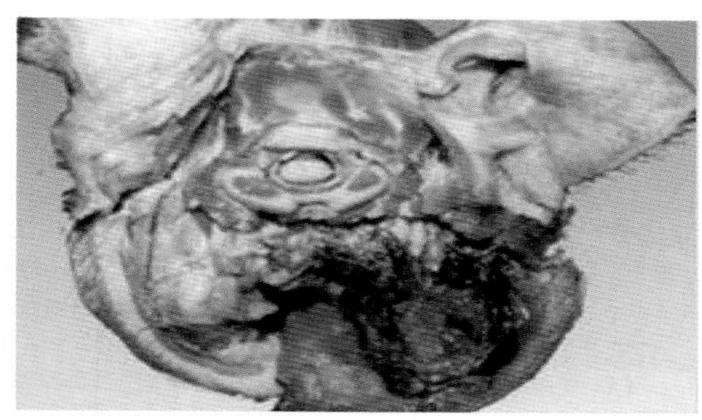

图8-1　炭疽症状与咽喉炭疽

二、猪丹毒

猪丹毒是由猪丹毒杆菌引起的一种猪的常见传染病。其特征是急性者表现为败血症；亚急性者皮肤有上特殊的疹块；慢性者表现为非化脓性关节炎和增生性心内膜炎。人感染多时是因为外伤（包括微笑的外伤）时，接触病猪或病肉而发病，主要表现全身不适，局部和相应的淋巴结（管）肿大疼痛。人感染本病称为类丹毒。

1. 宰后鉴定　宰后检验时，应注意其不同临床类型差异较大。

（1）败血型：烫毛后可见耳根、颈部、前胸、腹壁和四肢内侧等部位，出现不规格的淡红色充血区，有的可互相融合在一起，略高于正常皮肤，即猪丹毒性红斑；也有的整个皮肤呈现弥漫性发红，俗称“大红袍”。在发现皮肤有上述病变时，应同时检查内部组织器官（图8-2）。

（2）疹块型（亚急性型）：通常由颈部至尾根部较厚的皮肤上出现大小不等，多少不一的菱形、方形或圆形疹块，触摸较硬，略高于周围皮肤，并有明显界限。疹块颜色有的发红，有的发紫，有的边缘发紫中央发红或发白。有的疹块相互重叠在一起。另外，有的疹块型病例痊愈后，疹快部分坏死结痂脱落，留下灰色疤痕。其内脏的病变基本上与败血症相似，但较轻微，有的甚至肉眼观察不明显（图8-3）。

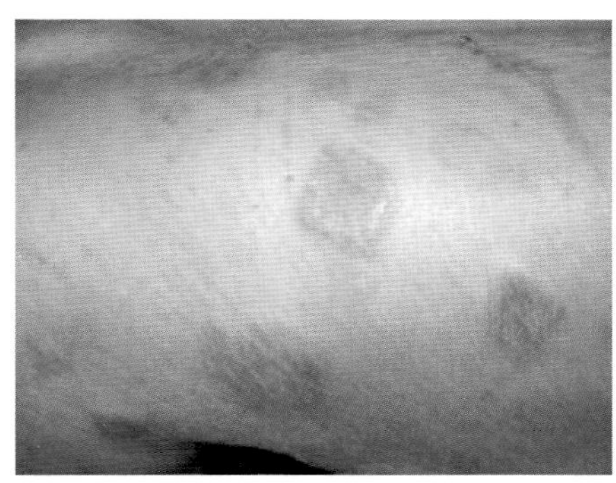

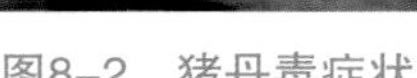

图8-2 猪丹毒症状

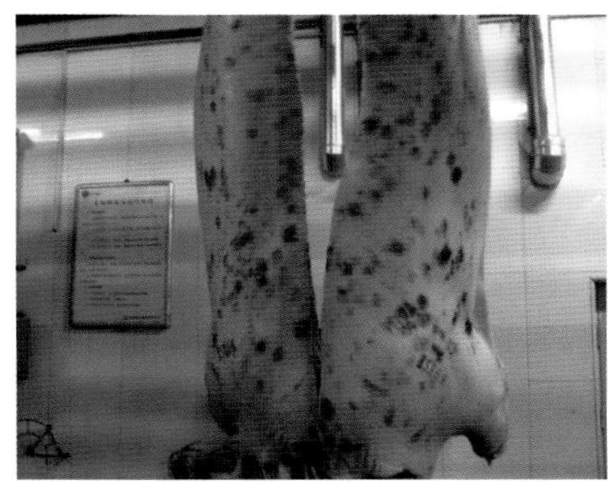

图8-3 猪丹毒白条

（3）慢性型：主要表现疣状心内膜炎和关节炎。心脏剖检时，多见二尖瓣（有时也可见三尖瓣、主动脉瓣和肺动脉瓣）上，面向血流，有灰白色的菜花状赘生物，大小不等，大的几乎充满房室孔，瓣膜增厚变形，剥去赘生物，瓣膜留有一个浅平的溃疡面。切开腕关节或跗关节的肿胀部分，有黄色浆液流出，其中常混有白色絮状物，滑膜面粗糙，病程长者因组织增生，引起关节愈着和变形。

2. 处理建议　凡急性猪丹毒胴体和内脏有显著病变，其胴体和内脏化制或销毁。慢性猪丹毒胴体和内脏病变较轻微，切除病变部分销毁，其胴体和内脏于24小时内经高温处理后降级处理。

三、口蹄疫

口蹄疫是由口蹄疫病毒引起的偶蹄动物的急性热性接触性传染病。在屠畜中可见于牛、羊、猪，人应接触患病动物或其产品也可以感染患病。动物主要临床特征是口腔黏膜、蹄部和乳房等处的皮肤上发生特征性水泡或烂斑。

1. 宰后鉴定　猪口蹄疫初期症状不明显，放血后首先应检查蹄部（蹄冠、蹄底和蹄间沟）、吻突、口腔周围和乳房皮肤有无水泡或者糜烂斑（有时还残留一些破溃后的水疱皮）。蹄部的水疱破溃后常伴随化脓。水疱大小不等，小者豆粒大，大者如乒乓球，完整的水疱较少多数已破溃。如果患恶性口蹄疫时，病毒侵害心脏，可引起心肌的变性和坏死，检查心肌时可见切面有灰白色和黄色相间的斑纹，形成所谓的“虎斑心”（图8-4）。

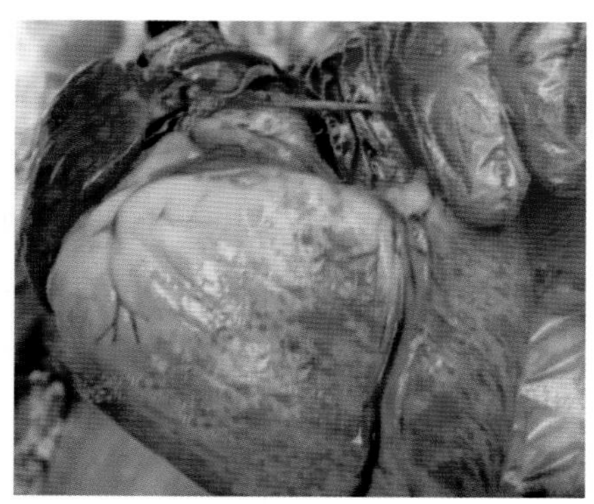
图8-4　虎斑心

2. 处理建议

（1）在猪群中发现可疑口蹄疫时，应封锁现场，报告疫情，并注意与猪传染性水疱病（只感染猪）相区别。必要时采水疱皮或水疱液送化验室检验。确诊后猪群全部扑杀、销毁、病猪停留的场所和污染的工具立即进行消毒。宰后发现本病时其胴体、内脏和副产品立即销毁。

（2）屠宰车间、工器具和工作服等都要彻底消毒。同病畜及其产品接触过的人员应加强个人防护，注意卫生消毒，因为人也可以感染本病。防护：注意卫生消毒，因为人也可以感染本病。

第二节　常见猪寄生虫病的检验

一、猪囊尾蚴病

猪囊尾蚴是寄生在人小肠的有钩绦虫的幼虫。此幼虫是由于猪吃了患有钩绦虫病病人粪便中的虫卵，而在猪横纹肌、心肌（偶尔也可以在猪的大脑和眼睛）发育成为囊尾蚴。人如果误食了虫卵，也可寄生于上述部位，发育成为囊尾蚴，而成为人的囊尾蚴病，严重影响人的健康和生命。猪肉未经煮熟，被人食入活的囊尾蚴时，在小肠内发育成为白色带状（长约1米）的有钩绦虫，即为人的有钩绦虫病。

1. 宰后鉴定

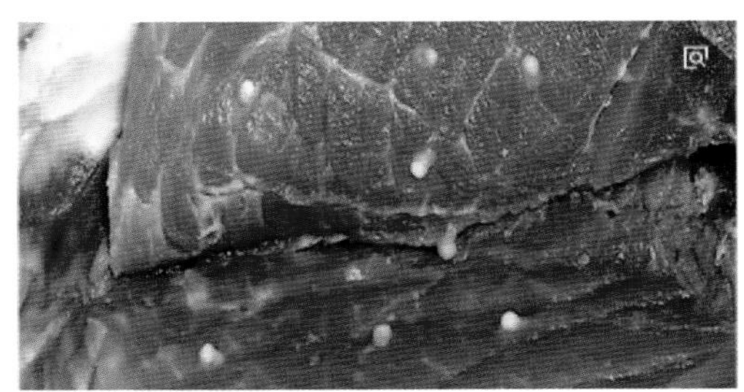

图8-5 米猪肉

（1）发育成熟的猪囊尾蚴为无色透明、表面光滑的囊泡。其外形近似卵圆，略大于黄豆，囊内充满无色透明液体和一个连于囊壁内层呈悬垂状的球形白色头节，大小如粟粒。此幼虫主要寄生在横纹肌纤维之间，其数量多少不一，俗称“米猪肉”（图8-5）。

（2）在发育过程中，部分囊尾蚴可能死亡。死亡后的囊尾蚴，其囊壁增厚，囊液浑浊，头节萎僵或崩解，有的甚至发生钙化或被结缔组织代替。

（3）在宰后检验中，主要检验咬肌、舌肌、腰肌、心肌，必要时剖检股内侧肌肉和肩外侧肌肉。由于寄生的数量多少不一，在宰后的检验中也可能漏检。因此，在猪肉分割和销售时也应注意检查。

2. 处理建议　根据《病死及病害动物无害化处理技术规范》（农医发〔2017〕25号），猪囊尾蚴病的胴体和内脏均要化制。

二、旋毛虫病

旋毛虫病是由旋毛线虫引起的人畜共患寄生虫病。其成虫寄生于人和多种动物的小肠内，称为肠旋毛虫；幼虫寄生在同一动物的横纹肌中，称为肌旋毛虫。旋毛虫的宿主非常广泛，现在已知有100多种动物可以自然感染旋毛虫病，虽然在其发育过程中，中间宿主和终宿主为同一动物，但完成生活史必须更换宿主。

猪感染旋毛虫病是由于食入另一动物肌肉中的活的旋毛虫包囊，最大可能是患病死鼠的肉被猪食入，也有可能是含有旋毛虫包囊的碎肉或厨房泔水被猪食入。自然感染的病猪一般无明显症状，宰杀后仅在旋毛虫检验时发现。

1. 宰后鉴定　按规定旋毛虫的检验方法是在每头猪开膛后，取横膈膜肌脚左右各一块为肉样（每块肉样重30～50克，且与胴体编为同一号码），先撕去肌膜作肉眼观察，然后再在肉样上顺着肌前纤维方向剪取24个小肉片（小于米粒大）

压片镜检。在40～50倍镜下仔细观察，发现虫体时，按编号对胴体、头及内脏统一处理（图8-6）。

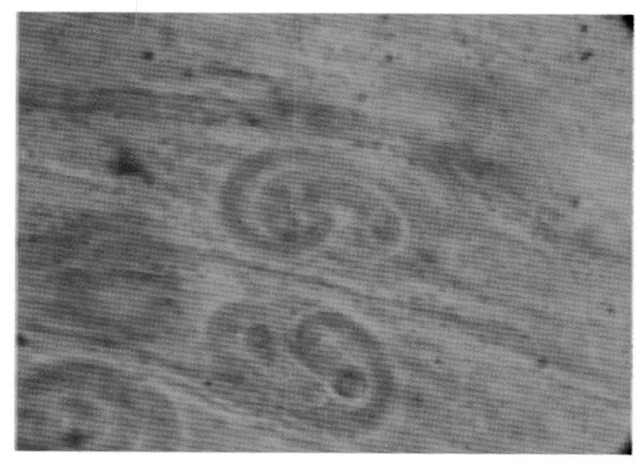

图8-6 显微镜下的旋毛虫

2. 处理建议　胴体、内脏和头蹄均应化制。

三、猪住肉孢子虫病

住肉孢子虫病是由于住肉孢子虫寄生于中间宿主（猪、牛、羊等）的肌肉间引起的疾病。它对猪有致病作用，一般表现为不同程度的腹泻、跛行、生长受阻、心肌炎、呼吸困难和厌食等。

1. 宰后鉴定　住肉孢子虫较小，多与旋毛虫检验同步进行，检查部分是腹斜肌、大腿肌、肋间肌、咽肌和膈肌。肉眼观察，在上述部位可见与肌纤维平行的白色毛根状小体。镜检虫体呈灰白色方形，内含半月状孢子。如果虫体钙化，则成为黑色团状或黑色直杆状，有时在钙化的虫体周围有卵圆形的透光区，易与钙化的旋毛虫相混（图8-7）。

轻度感染的肌肉，其色泽、硬度无明显变化。但在重度感染时，虫体密集的部位，肌肉发生变性，色淡，如开水烫过的肉（图8-8）。

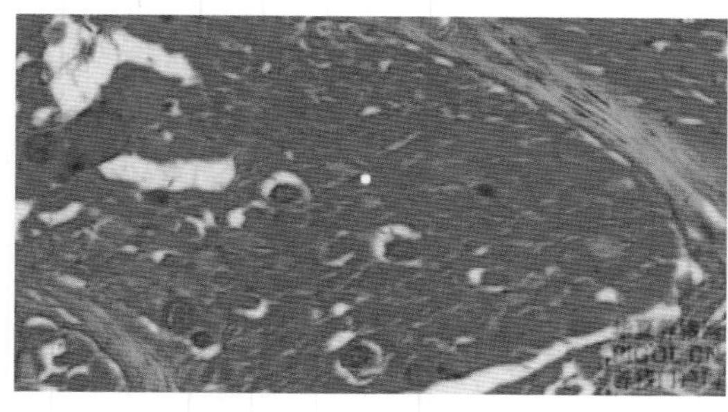

图8-7 住肉孢子虫

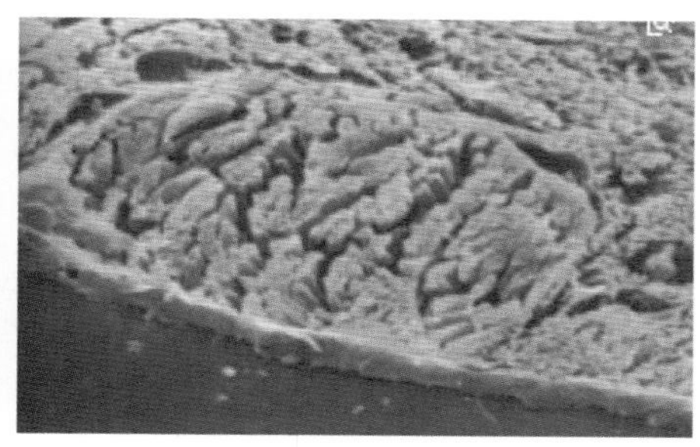

图8-8 烫肉样变化

2. 处理建议　较多虫体发现于全身肌肉，且肌肉有病变时，整个胴体化制或销毁。

第九章　质量与管理

第一节　生猪养殖场要求

一、养殖场卫生标准

1. 对进入生活区的人员及车辆管制

（1）外来人员及车辆未经许可不得进场，更不允许进入生产区。

（2）进场车辆消毒：养猪场大门口设消毒池，池内水深15～20厘米，长度以保持车轮滚动2周半为宜，内盛3%～5%NaOH溶液或者按规定配制的复合酚消毒剂，每周保证更换两次消毒水；经过消毒机对车辆内外进行严格消毒后，方可进入场区（图9-1）。

图9-1　车辆消毒

（3）所有进入生活区者必须登记，对进场人员消毒：猪场大门口设喷雾消毒间和洗手消毒盆，所有进场人员必须经喷雾消毒30秒以上，经洗手消毒盆洗手后方可进入生活区（图9-2）。

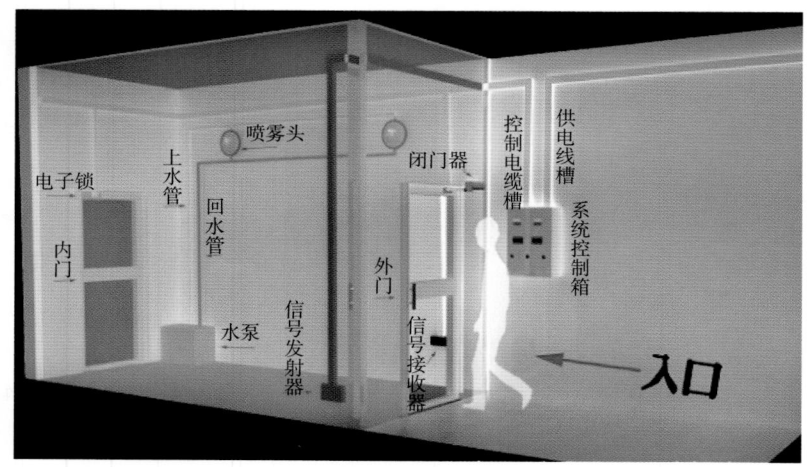

图9-2　人员消毒示意图

（4）员工休假回场后，必须在生活区内隔离一夜后才能进入生产区工作，任何未经彻底消毒、更衣、换鞋的人员不得进入生产区猪舍。

（5）禁止将场外的生肉及制品（禽、水产类除外）带入猪场。门卫负责检查进入猪场的个人携带物品。

（6）除食品以外的任何物品如衣物、被褥等，必须经熏蒸过夜消毒或紫外线30分钟照射消毒后方可携带进入猪场。

2. 进入生产区的消毒

（1）对车辆和人员的消毒要求同生活区。

（2）猪舍门口设脚踏消毒池，消毒水深度10～15厘米，内盛3%～5% NaOH溶液，要求每3天更换一次消毒水，人员进、出猪舍双脚踏入消毒池停留10秒以上。

（3）对工作服的消毒：每位员工要配备两套换穿的工作服，要求每周必须对工作服消毒、清洗1次以上。

3. 场区内消毒

（1）每周用3%～5%NaOH溶液，对生产区道路、赶猪道、装猪台、圈舍之间的空地、圈舍外墙壁、生活区等进行消毒。

（2）剖解病死猪的场地要用3%～5%NaOH溶液泼洒，再用生石灰掩盖，尸体进入生物坑掩埋、焚烧炉焚烧或无害化处理等。

4. 空舍消毒

（1）清洗：猪舍腾空后立即清洁。扫除尘埃，铲除粪便、剩料后，用高压水枪（压力最好达到4兆帕）进行彻底清洗；对残留的顽固的粪便污渍，一般先用1：400的洗衣粉水浸泡30分钟，必要时，人工刷洗干净后，再用高压水枪彻底清洗。

（2）消毒：清洗过后使用合适的消毒剂进行消毒，消毒剂可以选择用杜邦卫可（过硫酸氢钾复合物），正净（复方戊二醛），农福（复方煤焦硫酸）。

（3）猪舍晾干后，按规定配比消毒药进行消毒（猪舍的6个面全部喷湿）。消毒药的最低使用量为300毫升/米^2。在第一次消毒12小时后，应按每立方米猪舍容积使用高锰酸钾6.25克或40%甲醛12.5毫升进行密闭熏蒸24～48小时后打开通风。

（4）为充分发挥消毒药的使用效果，猪舍消毒后的空舍时间不低于7天（图9-3）。

图9-3　猪舍消毒

二、养殖场养殖过程控制

1. 猪场在动物卫生方面，需具备下列基本要求

（1）配备有正大驻场技术员或正大公司认可的驻场兽医。

（2）具有健全的日常卫生管理制度、疫病防控制度、用药管理制度和种猪引进管理制度、饲料及添加剂使用管理制度及相关的记录表册。

（3）猪场周围300米范围内无动物饲养场、医院、牲畜交易市场、屠宰厂。

（4）饲养场周围设有围墙，并设有专人看守的大门。

（5）场区整洁、布局合理，生产区与生活区严格分开，不同功能区分开。

2. 大小猪的控制点

（1）保育猪从出保育舍转育肥舍开始，根据公母及体重大小进行第一次分群管理，确保同一批出栏的猪群个头均匀，体重大小一致。

（2）育肥猪在饲养过程中，如有生长掉队的猪只，要挑出单独饲养，与下一批体重大小一致的猪群再一同出栏。

（3）在出栏前1天，将同一批的猪只分为大、中、小类群，然后分别挑出1～2头称重校对目测标准，然后用不同颜色进行标记（红、蓝、黑），根据体重规格送往不同的渠道（图9-4）。

图9-4　称重标记

3. 鞭伤的控制点

（1）赶猪过程中要用专用赶猪板或赶猪棍温柔赶猪，绝对禁止用木棍、鞭子虐待、抽打猪只。

（2）为防止在赶猪过程中发生擦伤现象，要求赶猪走道宽度不能超过80厘米，仅能使一头猪通过。

（3）赶猪时要高声吆喝，吓唬猪只，驱赶其慢慢向前走动；夜间赶猪时，应用手电筒照向前方，引导猪只向目标方向移动。

（4）猪场使用自动平行升降设备装猪，每次5～6头。

4. 针眼、脓包的控制点　要求在免疫注射或治疗时应做到

（1）肌内注射：耳后靠近耳根的最高点松软皱褶和绷紧皮肤的交界处。

不同体重的猪只，针头大小不一样：10～30千克，用1.8～2.5厘米长的12号针头。30～90千克，用2.5～3.8厘米长的12号针头。

（2）皮下注射：使用较短的针头（1.2～2.5厘米），于耳窝的软皮肤下部，用一只手的大拇指和无名指提起皮肤的皱褶，以一定的角度刺入针头，确保针头刺入皮下。

（3）注射器及针头在使用前应加蒸馏水或凉开水煮沸消毒15分钟，不准用任何化学药物浸泡消毒注射器和针头。

（4）注射部位要先用兽用碘酊消毒，然后再用兽用酒精脱碘，待干燥后再开始注射。

（5）坚决杜绝打“飞针”现象的发生，要求实行3人共同免疫制度。即一个人保定猪，一个人用注射器吸苗和换针头，一个人消毒和打苗（图9-5）。

图9-5　三人免疫

（6）对于针头出现松动、针尖变钝、出现倒钩的不准使用。

（7）为避免针眼的发生，对两次间隔时间较短的疫苗免疫，应采取不同部位注射。

（8）出栏前45天的猪只，必须停止注射疫苗和药物。

（9）每个注射点的药物剂量不要超过10毫升。

（10）对于断针情况要进行标识记录。

三、养殖场药残控制

1. 供屠宰厂的猪源，必须接受公司对猪场的全程监督管理，由派驻技术员进驻猪场，对猪场的卫生防疫制度的落实情况、猪群卫生状况、饲料及药物的使用等进行监督检查。即严格按照畜牧部门的要求填写相关药物使用监管表格，以便进行产地追溯。

2. 供屠宰厂的猪场，必须全程使用集团公司提供的安全饲料，以从源头上防止违禁药物的使用及通过往饲料中添加药物的方式预防和治疗猪病，避免药物残留事件的发生。

3. 供屠宰厂的猪场，必须从集团药物使用名录上选用药物，应严格按照生产管理规定使用药物，杜绝违禁药物的使用，防止药残事件的发生。

4. 供屠宰厂猪场须做好日常防疫消毒工作，定期灭鼠、灭蚊蝇，消毒圈舍、场地、饲槽及其他用具。

5. 供屠宰厂猪场，不得使用或存放国家禁止使用的药物和动物促生长剂。对国家允许使用的药物和动物促生长剂，要按照国家有关使用规定；特别是停药期的规定使用，由驻场技术员将使用情况填入药物使用记录表（图9-6）。

（五）兽药使用记录

开始使用时 间	投入产品商品名称	通用名称	剂型	规格	有效期	生产厂家	购货单位	批号/加工日期	用 量	停止使用时 间	备 注

图9-6　兽药使用记录表

四、售猪前的控食要求

要求在出栏前8小时，供屠宰厂猪场必须停止饲喂饲料。

五、养殖场病死猪的管理

1. 病猪的处理

（1）全面检查猪群，查看是否有异常。

（2）进入猪栏，赶起每头猪观察其状况。

（3）发病猪做好标记，进行治疗。

（4）严重的调到病猪栏进行治疗。

（5）病猪使用超过两种治疗方案无效的，要及时淘汰处理。

（6）所有治疗必须做好用药记录。

（7）在停药期内不能出栏。

2. 死猪的处理

（1）死猪投放到生物坑、焚烧炉或发酵处理（图9-7）。

（2）处理场周围每月撒生石灰1次，生物坑内每月加一次10%的NaOH溶液100千克。

（十）病死畜禽无害化处理记录

日期	数量	处理或死亡原因	畜禽标识编码	处理方法	处理单位（或责任人）	备注

1、日期：填写病死畜禽无害化处理的日期。2、数量：填写同批次处理的病死畜禽的数量，单位为头、只。3、处理或死亡原因：填写实施无害化处理的原因，如染疫、正常死亡、死因不明等。4、畜禽标识编码：填写15位畜禽标识编码中的标识顺序号，按批次统一填写。猪、牛、羊以外的畜禽养殖场此栏不填。5、处理方法：填写《畜禽病害肉尸及其产品无害化处理规程》GB16548规定的无害化处理方法。6、处理单位：委托无害化处理场实施无害化处理的填写处理单位名称；由本厂自行实施无害化处理的由实施无害化处理的人员签字。

图9-7 病死猪无害化处理记录表

第二节 生猪屠宰加工的检验

进入屠宰厂的生猪，都必须进行严格的宰前和宰后检验。《中华人民共和国食品卫生法》第七条规定，未经兽医卫生检验的肉类及其产品禁止生产经营。兽医卫生检验人员应根据国家有关检验规程要求进行检验，其目的在于让消费者吃上放心肉，保障人民身体健康，防止疾病传播，促进畜牧业发展。

目前，对于病害肉尸及其产品的处理，国家颁布了《病死及病害动物无害化处理技术规范》（农医发〔2017〕25号）。

一、宰前检验

1. 检验方法　宰前检验的方法主要是看、听、摸、检。

看就是观察猪的精神状态、皮肤、呼吸、采食、饮水是否正常，再看眼、口、鼻分泌物及粪便是否异常。

听就是听叫声、呼吸声、咳嗽声。

摸就是触摸皮肤、耳朵、尾根、体表淋巴结等。

检最简单的就是检查体温。必要时进行实验室诊断。

2. 检验程序

（1）验收检验：生猪进屠宰厂后，官方兽医人员先向送猪人员索取产地动物防疫监督机构开具的检疫合格证明，经观察未发现猪群有可疑传染病症状，并验证“证货”相符时，才准予卸猪，赶入待宰圈。而后，现场品管员再对其进行静态和动态观察：健康的猪赶入待宰圈休息、饮水；可疑病猪赶入隔离圈继续观察，如经休息和饮水后，精神恢复正常，没有发现病态的，则可赶入待宰圈；如发现有病状需要急宰的猪，则送急宰间宰杀；对运来或在圈里发生的死猪不得冷宰食用，要送至无害化处理间处理。如发现一类烈性传染性疫病时，应立即封锁现场，按照有关规定处理。

（2）送宰检验：生猪宰送宰前，检验人员还要进行一次全面检查，确认健康的开具准宰通知单，注明货主、头数、编号等信息，屠宰车间凭证屠宰。

通过宰前检验，可以及时检出有典型症状的口蹄疫、猪瘟、猪肺疫、猪丹毒等猪病，以便控制病猪进入屠宰车间污染肉品。

二、宰后检验

宰后检验是肉品卫生工作中最重要的环节，是控制病肉进入流通环节的最后一道关卡，对于保证肉品卫生质量，消灭疾病及防控疫病传染都具有关键性的意义。因此，宰后检疫必须严格遵循一定的方式、方法和程序。

1. 检验方法　宰后检验方法以感官检查和剖检为主，必要时辅以实验室诊断。

感官检查和剖检是通过看、摸、剖、嗅来判断肉品及内脏的实用价值，以便作出正确的处理。

（1）视检：用眼睛观察猪屠（胴）体、皮肤、肌肉、胸腹膜、脂肪及各种脏器的外部色泽、大小、形态等有无异常。

（2）触检：用手触摸判断组织、脏器的硬度、弹性等方面的情况。

（3）剖检：用刀剖开规定部位的淋巴结、脏器、肌肉和脂肪，以观察其组织形态和色泽等有无异样。剖检时只能在规定部位切开，而且深浅要适度，以保持商品的美观，并避免破坏病变组织而造成误诊误判。

（4）嗅检：用嗅觉来判断猪胴体、内脏的气味有无异常。

（5）实验室诊断：有时症状不明显或遇到不常见的疑难病症，单靠感官检验是难以判断的，必须通过实验室诊断来确定。常用的有微生物检验、病理诊断和理化检验。

2. *检验程序* 同一屠体的胴体、内脏要编为同一号码。宰后检验穿插在屠宰加工流程中，屠宰应进行下列各项检验（图9-8）。

（1）头部检验：首先观察头颈部有无肿胀，咽喉、扁桃体等有无病变，同时观察口腔黏膜、鼻盘和唇的状态，注意检查有无水泡、溃疡、结核等，然后切开左右颌下淋巴结，仔细剖检切面的性状，重点检查口蹄疫、猪传染性水疱病、炭疽、结核等病。如发现有异常情况的按《不合格品控制操作规程》处理，并填写记录。

（2）体表检验：在打毛后进行，品管员对猪体表和四肢进行视检和触检，必要时可剖检局部皮肤，观察皮肤深层及皮下组织，观察是否有异常或特征性病变。主要检查猪瘟、猪丹毒、猪肺疫、外伤、脓包等。

（3）内脏检验：

①肺脏检验：观察外表色泽、大小、弹性（必要时切开检查），并剖检支气管淋巴结和纵隔淋巴结。主要检查结核及其他炎症等。

②心脏检验：检查心包和心肌，并沿动脉管剖检心室及心内膜，同时注意血液的凝固状态。应特别注意二尖瓣。主要检查慢性猪丹毒、囊尾蚴等。

③肝脏检验：观察其表面及切开是否是病灶、水肿、变性、坏死，并触检弹性、剖检肝门淋巴结。必要时切开检查并剖检胆囊，同时要注意胆汁污染肉尸。

④脾脏检验：检查有无肿大及出血性梗死，触摸其弹性和硬度，必要时切开检验。主要是检查炭疽。

⑤胃肠检验：切开检查胃淋巴结及肠系膜淋巴结，并观察胃肠浆膜，必要时剖检胃肠黏膜。主要检查肠炭疽、慢性猪瘟，有无充血、出血及溃疡等病变。

⑥肾脏检验：观察色泽、大小、有无出血点及其他病灶，触摸其弹性和硬度，必要时纵剖检验（须连在肉尸上一同检验）。主要检查猪瘟、弓形虫等。

图9–8　检　验

（4）胴体检验（图9–9）：

①检查皮下脂肪、皮肤、肌肉、胸膜、腹膜等有无出血、淤血、水肿、变性、黄染、蜂窝织炎等异常症状。

②观察体表和四肢有无异常，随即剖检腹股沟淋巴结，检查有无出血、淤血、水肿、脓肿等变化。

③检查胸腹腔中有无炎症、异常渗出液、肿瘤病变。

④划检深腰肌检查有无寄生虫寄生。

⑤结合内脏及胴体检验结果进行全面的复查，检查胴体的内外伤、骨折造成的淤血和胆汁污染部分是否修净，检查椎骨间有无化脓灶和钙化灶，骨髓有无褐变和溶血现象。检查肌肉组织有无水肿、变性等变化，仔细检验膈肌有无出血、变性和寄生性损害，并做出综合判定。

⑥经过全面复验确认不合格的按照《不合格品控制操作规程》进行标识处理，并填写记录。

图9-9 胴体检验

（5）寄生虫检验：

①旋毛虫检验：采取左右横膈膜肌脚肉样各一块（≥30克）（与胴体编记同一号码），撕去肌膜进行肉眼观察；为进一步确诊或必要时，在每个肉样上各剪取12个（共24个）米粒大的小片，进行镜检，或直接将寄生虫寄生部位剪下观察。如发现寄生虫，及时以《品管通知单》的形式通知胴体检验工序对相应胴体及其产品进行处理，并填写记录（图9-10）。

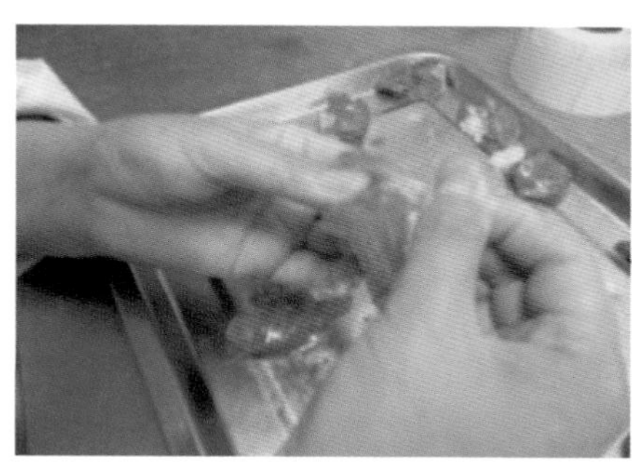
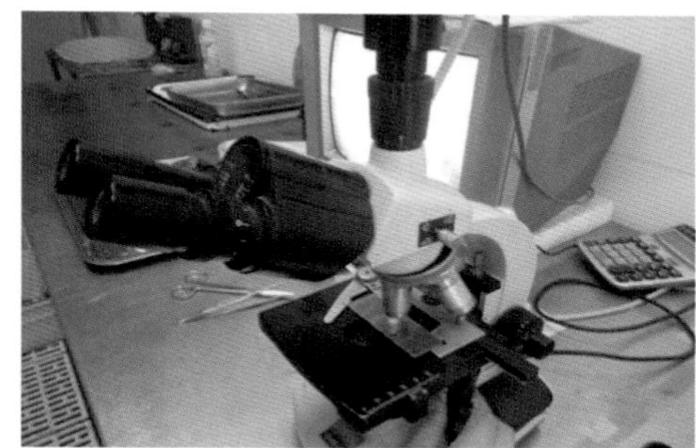

图9-10 寄生虫检验

②囊尾蚴：主要检查部位为咬肌、深腰肌和膈肌，还有心肌、肩胛外侧肌和股部内侧肌等。

③住肉孢子虫：镜检横膈膜肌脚（与旋毛虫一同检查）。

（6）鲜销白条检验：

①品管员对待修红白条进行疫病复检及修整质量、品质把关。

②车间按标准对前腿肌肉和后腿肌肉划检验刀口，品管员检验刀口有无寄生虫寄生。

③车间按标准对颈背肌肉划检验刀口，品管员检验刀口有无脓包、寄生虫、炎症。

④监督车间修净外露淋巴结、浮毛、淤血等，把严重劈偏、鞭伤、断骨、脓包、炎症等问题的红白条转分割车间分割，监督车间修净红条表面脂肪；是否按要求修去奶脯、槽头等，检查有无其他特别要求的标准，是否按标准加工，检验合格后要监督车间及时入库，发现不合格要求车间及时返工。

⑤根据复检结果对检疫合格肉品加盖动物检疫监督机构统一使用的验讫印章，对检验不合格的加盖高温或销毁印章。

（7）分割白条出库检验：

①至少每4小时检查一次快速冷却间、预冷间的温度、白条吊挂的密度等，发现不符合工艺要求时，及时通知车间进行整改，并做好记录。

②出库前测量白条后腿肌肉的中心温度，是否符合标准要求，且质量卫生合格后方可转入下道工序。

③对待分割白条的前腿肌肉刀口进行检验，看是否有囊虫、裂头蚴等寄生虫。

④对待分割白条的修整质量进行检验把关，看是否有“三腺”残留，是否有皮毛块、大量猪毛、严重淤血等。

（8）分割产品检验：分割品管员根据不同产品的加工要求并对每条生产线的分割产品卫生、品质、温度、修整情况和工器具卫生进行检验把关。

（9）无害化处理监督：对检验不合格的胴体、产品等，按照《病死及病害动物无害化处理技术规范》规定，监督、指导厂方进行无害化处理和防疫消毒。

第三节　猪白条产品等级质量标准

为了保证消费者吃上新鲜、安全、卫生的猪肉及副产品，屠宰厂加工的猪肉质量规格要求，须按照已颁发的国家标准《鲜、冻片猪肉》（GB 9959.1—2001）和《鲜（冻）畜肉卫生标准》（GB 2707—2005）执行。白条定级依据

SB/T 10656—2012《猪肉分级》标准。对于猪副产品的质量要求，按照有关的标准规定，结合市场要求以及自身条件，制定本厂的规格质量要求标准。

现将公司执行的猪白条分级，猪副产品质量要求具体分列如下。

一、白条的分级标准

根据白条重量、皮膘厚度、白条体型与后腿丰满情况进行综合判定，具体如表9-1所示。

表9-1　白条分级标准

项目	级别（白条标识）	白条过磅重量W（烫皮）（千克）	皮膘厚度L（厘米）
级别及对应参数	正大1	≥73	≤2.5
	正大2	≥65	2.5<L≤3.0
	正大3	≥60	3.0<L≤3.5
	正大4	≥72.2	3.5<L≤4.2
	正大5	① 通膘，W≥65 白条；② 4.2<L≤5.0 W≥65白条	
	C5	① L>4.2，W <65白条；②通膘，W <65白条；③ L<2.5，W <55白条；④L>5.0白条	
	正大商	65<W<73	≤2.7
	正大专	55≤W≤65	≤2.7
	备注	剥皮减5	剥皮减0.3

注：1. 皮膘厚度是测量第6～7肋中间平行至第六胸椎棘突前下方对应的皮膘厚度；
2. 符合以上标准的白条在后腿部位加盖相应级别章。

二、主要猪副产品的质量要求

1. 心　外形完整，无杂质或其他污染物，修净炎症、肿胀部分，不带血管、脂肪和淤血块。

2. 肝　外形基本完整，无胆汁、寄生虫、炎症、硬化、淤血、脓包等。

3. 肺　外形基本完整，无病变组织、寄生虫和其他污染物等。

4. 胃　外形基本完整，不带食管，无杂质、溃疡、炎症、肿胀、淤血等。

5. 大肠　无异味、无病变、不带粪污等。

6. 小肠　基本不带油、花油内不带肠梢，肠完整不断，无破口、无粪污等。

7. 肾脏　外形完整，无炎症、肿胀、脓包、淤血，不带外膜、脂肪和杂质等。

8. 舌　外形基本完整，带舌骨和舌根肌肉，允许有少量脂肪和刀伤残缺，无血污和病变等。

9. 头　外形基本完整，不带舌和喉管，允许有较大修割面，无脓包、伤斑及其他病变、腺体、淋巴结，无毛、血污。

10. 蹄　外形基本完整，去蹄壳，不带毛，无黑气，允许有修割面。蹄骰：淡黄色透明，外形完整，无油脂、肌肉、血渍，顺直，干燥等。

11. 尾　外形完整，无毛、溃烂、伤斑等。

若有特殊的要求，则按合同规格标准和质量要求执行。

三、日常的肉品检验要点

1. 感官检验　检验项目包括色泽、组织状态、气味等，每年两次型式检验，每批产品经检验合格后方能出厂。

2. 微生物检验　每年两次型式检验，检验项目包括菌落总数、大肠菌群、沙门氏菌；同时，可根据生产情况对产品进行日常监控——在同批次产品中随机抽取样品进行微生物检测，检测项目有菌落总数、大肠菌群、沙门氏菌、金黄色葡萄球菌。

3. 理化检验　每年两次型式检验，检验项目包括水分、挥发性盐基氮、重金属、兽药残留、污染物、农药残留等项目。可根据生产情况对产品进行日常监控：在同批次产品中随机抽取样品进行水分、兽药残留等检测。

第四节　肉品品质检验

生猪屠宰以后，胴体在组织酶和外界微生物的作用下，会发生僵硬、成熟、自溶、腐败等一系列的变化。在僵硬和成熟阶段，肉是新鲜的，自溶现象的出现标志着腐败变质的开始。

一、宰后肉质的变化

1. 肉的成熟　屠宰后的牲畜胴体，随着血液和氧气的供应停止，正常代谢中断，此时，肉内糖原的分解是在无氧条件下进行的。糖原无氧分解产生乳酸，致使肉的pH值下降，经过24小时后，肉中糖原量可减少0.42%，pH值可从7.2降至5.6～6.0。但当乳酸生成到一定水平时，分解糖原的酶类即逐渐失去活力，而无机磷酸化酶的活性大大增强，开始促使三磷酸腺苷（ATP）迅速分解，形成磷酸，因而pH值可以继续下降直至5.4。一般肉类在pH值为5.4～6.7时即僵硬，通常开始于宰后8～12小时，接着又开始软化。处于僵硬期的肉，肌纤维粗糙硬固，肉汁变得不透明，有不愉快的气味，食用价值及口感都较差。

继僵硬之后，肌肉开始变为酸性反应，组织比较柔软嫩化，具有弹性，切面富有水分，且有愉快香气和口感，易于煮烂和咀嚼，食用性质改善的肉称为成熟肉。变化过程称为肉的成熟。肉在供食用之前，原则上都需要经过成熟过程来改进其品质。

2. 肉的自溶　肉在成熟过程中，主要是糖酵解酶类以及无机磷酸化酶的活性催化作用，而蛋白分解酶的作用几乎完全没有表现出来或者是极微弱的。肉在自溶过程中，主要是蛋白质的分解，除产生多种氨基酸外，还放出硫化氢和硫醇等有不良气味的挥发性物质，但一般没有氨或含量极微。当放出硫化氢与血红蛋白结合，形成含硫血红蛋白时，能使肌肉和肥膘出现不同程度的暗绿色斑，故肉的自溶也称变黑。自溶不同于腐败，自溶过程只分解蛋白质至可溶性氮与氨基酸为止，即分解至某种程度达到平衡状态就不再分解了。自溶是承接或伴随成熟过程发展的，两者之间很难划出界限，同样自溶和腐败之间也无绝对界限。

3. 肉的腐败　肉在成熟和自溶阶段的分解产物为腐败微生物的生长、繁殖提供了良好的营养物质。随着时间推移，微生物大量繁殖，必然导致肉的分解过程更加复杂。这时，蛋白质不仅被分解成氨基酸，而且将由氨基酸的脱氨作用、脱羧作用、分解作用而分解成吲哚、酚、腐胺等低级产物，最后生成硫化氢、甲烷、氨及二氧化碳等，这就是由微生物作用所引起的腐败过程。

肉类腐败的原因，虽然不是单一的，但主要是微生物。因此，只有被微生物污染，并且在微生物发育繁殖的条件下，腐败过程才能发展。细菌引起肉类腐败变质，随环境条件、物理和化学因素不同而异。一般在好氧状态下，细菌活动主要使肉出现黏质或变色；在厌氧状态下，则呈现酸臭、腐败现象。

二、异常肉的检验

肉的气味和颜色异常，在宰后和保藏期间均可发现。饲养环境、运输过程、窒晕效果等因素均可能引起异常。

1. 白肌猪肉与黑干猪肉　市场销售猪肉，与正常猪肉相比较呈淡白色或呈暗红色的两种肉，兽医卫检验称为白肌肉（PSE肉）、黑干肉（DFD肉），都是猪的应激反应造成的。

白肌肉即肉色灰白（pale）、肉质松软（soft）、渗物（exudative）。产生原因：应激反应机体解代谢加强，耗氧比平时高，产热量增加数倍，体温升高，糖酵解产生大量乳酸，使肌肉组织pH值在宰后迅速下降，加速了肉的陈化过程。此外，三磷酸腺苷（ATP）与钙、镁离子结合，可以生成提高组织持水力物质，应激时ATP急剧减少，因此，肌肉组织持水力下降，这样就形成了白肌肉。

而饥饿、能量大量消耗和长时间低强度的应激源刺激又可导致DFD肉，即肌肉干燥（dry）、质粗硬（firm）、色泽深暗（dark）。这主要是由于应激持续时间长，使肌糖原消耗枯竭，几乎没乳酸生成所致，肉的pH值始终维持6以上，鲜红色的氧合肌红蛋白变紫红色肌红蛋白，肉呈暗红色。同时，美味成分肌苷酸减少，肉质下降，这样就形成了DFD肉。

白肌肉由于水流失，胴体产量会下降，而且猪肉制熟后较干，会影响食用时的口感；DFD肉味质较差，并且由于pH值偏高，利于微生物繁殖，腐败变质几率较高，并且会发生在所有动物身上，而白肌肉通常只影响猪肉品质（图9-11）。

2. 肉色变黑

（1）黑色素沉着：黑色素的异常沉着，常见于黑色素瘤和黑色病。猪的皮肤黑色素瘤大小差异很大，从直径数毫米至数厘米不等，稍稍突起于皮肤表面，单发或多发，硬度不一，生长较快，呈深黑色或棕黑色，切面干燥，小的瘤可长期存在，因此在宰后常能发现。猪黑色病病变时，成黑色素细胞异常地沉积于猪的皮肤，尤其是猪的乳腺及其周围脂肪组织内，使其呈现灰黑色，俗称“灰肚脯”。黑色素沉着对肉品质量无影响，只需做局部修割。

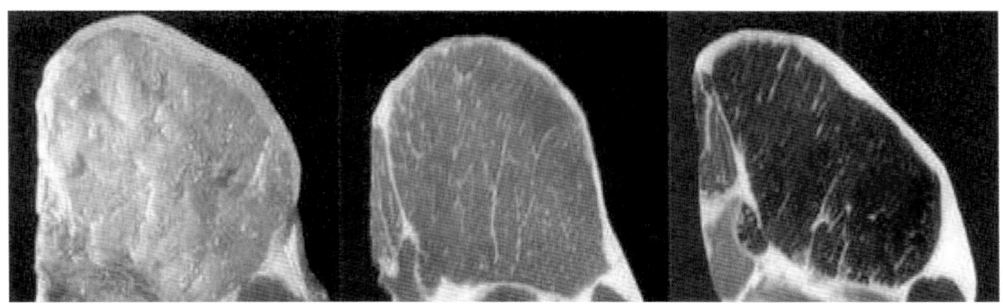

图9-11 左侧是白肌肉，中间是正常肉，右侧是黑干肉

（2）厌氧性腐败变黑：由于在不合理的条件下保藏和运输鲜肉，压得紧而不通气，致使肉长时间不能冷却，肉里组织蛋白酶和腐败性细菌活动，以致肉蛋白质发生剧烈分解，结果肉腐败发黑，并产生强烈氨臭。产品需要化制。

第十章　猪产品储藏管理

根据国家屠宰有关法规和技术标准的规定要求，屠宰加工后的猪肉及副产品必须及时出厂销售，以保证其新鲜。未能及时出厂销售的猪肉及副产品，则必须按要求采取冷却、冷冻或冷藏措施加以保藏。

第一节　产品的冷却/冷冻

猪肉及副产品的腐败变质，主要是由于微生物的生命活动和自身酶的生物化学反应以及氧化等作用造成的。但在低温条件下，微生物生长繁殖减缓，甚至死亡，酶丧失催化能力，脂肪氧化速度也减慢。因此，在低温条件下，可以减弱或延缓猪肉及副产品的腐败变质速度，从而达到保鲜的目的。

一、猪产品的冷却

生猪刚屠宰完，体内的热量还没有散去，肉体温度一般为38～39℃，表面湿润；在这种情况下，最适宜微生物的生长和繁殖，对猪肉的贮藏极为不利。猪肉冷却的目的在于迅速排出肉体内的热量，降低肉体深层的温度，使肉体表面形成一层干燥膜，以阻止微生物的生长和繁殖，延长产品的贮藏时间。

猪肉的冷却是将宰后的片猪肉吊挂在冷却间的轨道上进行冷却。在进肉前，冷却间的温度要先降低到-3～-2℃，冷却过程中，冷却间的温度要保持在0～4℃。当猪后腿肉中心温度达到7℃以下时，冷却即完成。副产品要及时通过0℃水快速预冷，迅速降至10℃以下。

二、猪产品的冻结

为了使产品能较长时间贮存和便于长途调运，必须对猪肉进行冻结。冻结的方法有两种：一种是先冷却后冻结，将宰后的产品放进0℃冷却间进行冷却，当肉温达到0～4℃时，转入-28℃速冻间进行冻结。另一种方式是直接冻结，将宰后的片猪肉预冷后经分割、包装、装盒后送入-28℃速冻间进行冻结。当片猪肉后腿肉或包装肉中心温度达到-15℃时，冻结时间不超过24小时，分割大包装肉（每包重量大于10千克）冻结时间不超过48小时，冻结即完成。

第二节　产品的冷藏管理

一、白条储藏管理

1. 白条的储藏条件

（1）白条库温度保持在0～4℃，白条中心温度在7℃以下。由制冷机房自动控制温度，品管检测、记录库温及检测白条温度。

（2）库内卫生干净整齐，地面无血水、积冰。

2. 白条储藏标准

（1）严格出入库管理流程，坚持先进先出的原则，白条3天内销售完毕，第3天销售不完必须分割转入冻品储存。

（2）白条按级别分库分轨道入库，为保证预冷效果及质量，白条之间的距离至少3厘米以上。

（3）白条存放要离地、离墙、离顶存放。

（4）进出要及时关闭库门，门锁采用内部可以打开的锁。库内照明需要采用带防爆装置的灯具。

（5）工作人员要穿戴必要的防护服装，外人不得随意进入库内。外来参观者必须经管理人员许可，有公司专人带领方可进入。

（6）每班对库存白条进行盘点，确保库内账物相符（图10-1）。

图10-1　白条冷藏

二、鲜品储藏管理

1. 鲜品储藏条件

（1）鲜品库由制冷机房自动控制温度，温度保持在0～4℃，相对湿度为85%～90%。

（2）库内卫生干净整齐，地面无血水、积冰。

2. 鲜品储藏标准

（1）严格出入库管理流程，坚持先进先出的原则，出入库记录清晰准确。

（2）按区域分类摆放整齐；鲜品码放正常情况下不得超过4层，以免造成失水、破袋。

（3）货物存放要离地、离墙、离顶存放，任何产品不得裸露（图10-2）。

（4）订单类鲜品须在24小时之内提走，未经过预冷处理的鲜品要在6～12小时内提走，如有剩余，及时报给计划部门，由其联系销售部处理，否则分别在48、12小时之内自行转冻。特定客户的产品按照特定的管理要求执行。

（5）根据客户要求装、卸产品，装车要迅速，注意轻拿轻放。

（6）进出要及时关闭库门，门锁采用内部可以打开的锁。库内照明需要采用带防爆装置的灯具。库内走廊保持畅通，不得堵塞。

（7）工作人员要穿戴必要的防护服装，外人不得随意进入库内。外来参观者必须经管理人员许可，有公司专人带领方可进入。

（8）每月对库存物品进行盘点，确保库内账物相符。

图10-2 鲜品冷藏

三、冻品储藏管理

1. 冻品储藏条件

由制冷机房自动控制，库温保持-18℃或以下，24小时昼夜温差不得超过±2℃。

2. 冻品储藏标准

（1）保持库内卫生干净整洁，产品摆放整齐有序。

（2）严格出入库管理流程，任何产品不得无票出入库。

（3）出库坚持按先进先出的基本原则，内销产品先进先出以月为单位进行控制（以所报货龄为基础），重点客户、出口产品按日（批次）先进先出，详细记录发货明细（图10-3）。

图10-3 冷藏产品区

（4）需入库产品，要求生产每一品种按标准托数量码放（除上午补半托数量外），库内每一仓位上的产品必须达到标准托数量。

（5）外采原料或退回的产品必须由品管验收合格方可入库，特定客户的产品按照特定的管理要求执行。不合格产品要用红色货卡标示，单独存放在不合格品区。

（6）搬运产品要轻拿轻放，货物严禁摔扔、践踏等。每月对库存产品进行盘点，确保库内账物相符。

（7）库内产品按“合格、不合格、待检”区域存放，重点客户产品做好手工台账。

（8）货物要离地、离墙、离顶存放，任何产品不得裸露。

（9）库内垛位高，人员不得爬高操作（或系安全带）。定期检查货架，确保货架承重安全。

（10）每周清扫产品积霜，风机及制冷机房定期除霜。

（11）货物和人员进出要及时关闭库门，门锁采用内部可以开启的锁。库内照明需要采用带防爆装置的灯具。冷库走廊保持畅通，不得堵塞。

（12）非仓储人员不得随意进入库内。外来参观者必须经管理人员许可，有公司专人带领方可进入。

（13）人员入库要穿戴必要的保暖及个人防护服饰。

第十一章　生产计划及出入库管理

第一节　生产计划

一、屠宰计划制定目的

根据屠宰计划量指导生产安排，确认人员排布，指导毛猪采购、包材采购，确认销售订单。

屠宰计划分年度计划、月度计划和日计划。年度计划依据年度预算制定，指导年度生产趋势；月度计划根据年度计划做调整，参考前一月实际屠宰量；日计划依据72小时预报计划制定实际屠宰量。

根据屠宰量确认白条、副产品产出情况，计划产出量=单品头均重×屠宰量（排前10名副产品占比）。

表11-1　计划产出量

序号	产品	头均占比
1	猪头	4.5%～4.8%
2	猪肝	1.57%
3	猪蹄	1.85%
4	槽头肉	1.50%
5	板油	1.09%
6	大肠	1.00%
7	冠油	0.78%

（续表）

序号	产品	头均占比
8	猪肺	0.68%
9	杂油	0.65%
10	口条	0.42%
11	猪肚	0.42%

二、分割计划

依据分割品订单情况制定。根据销售需求，制定生产人员排布，原料（白条）转分割量，包材采购（表11-2）。

根据订单情况，均衡产品结构，确认须分割量（附分割单品均重排名前10名产品）。

表11-2　分割比例

序号	产品名称	头均占比
1	后段	34.96%
2	中段	33.08%
3	带皮五花	12.07%
4	2#肉	11.21%
5	3#肉	6.79%
6	1#肉	5.71%
7	肋排	4.98%
8	肥膘	3.08%
9	脊骨	2.87%
10	脊膘	1.97%

第二节　产品出入库管理

一、白条的出入库管理流程

1. 白条入库流程（图11-1）

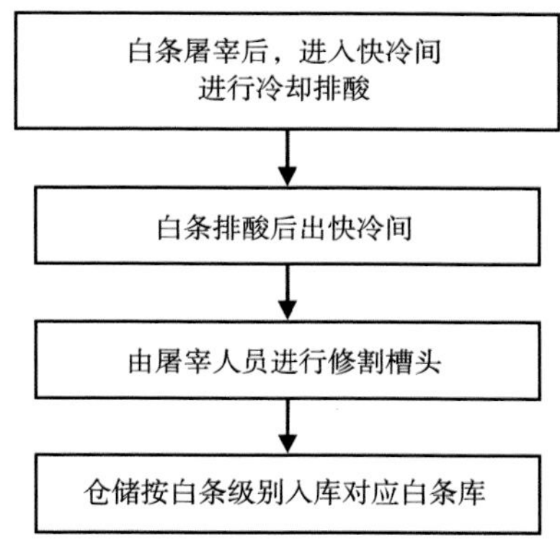

图11-1　白条入库流程

2. 白条出库流程（图11-2）

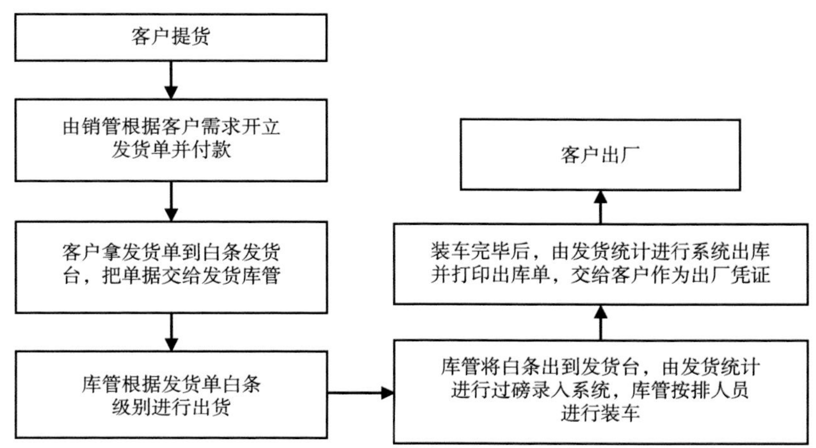

图11-2　白条出库流程

二、鲜品出入库管理流程

1. 鲜品入库流程（图11-3）

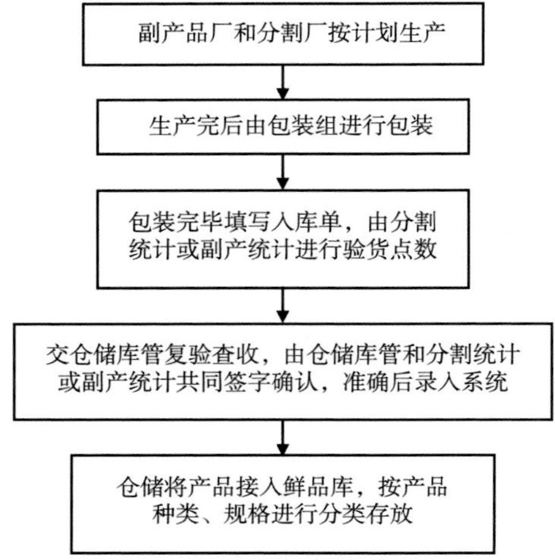

图11-3 鲜品入库流程

2. 鲜品出库流程（图11-4）

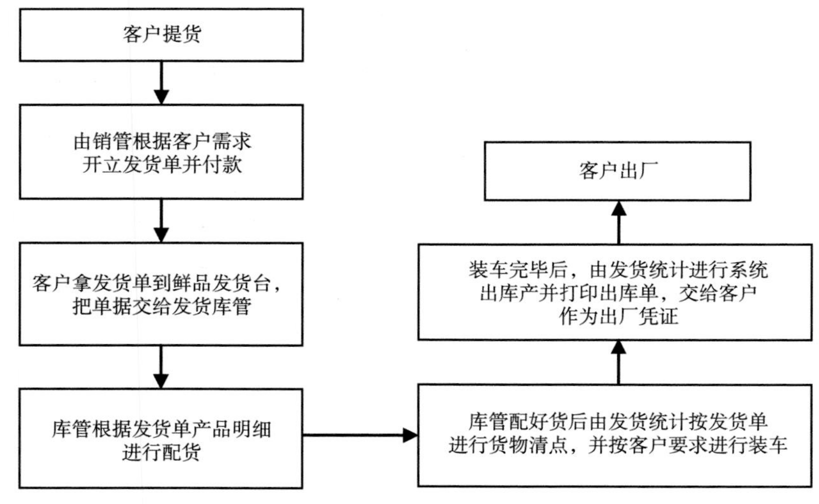

图11-4 鲜品出库流程

三、冻品出入库管理流程

1. 冻品入库流程（图11-5）

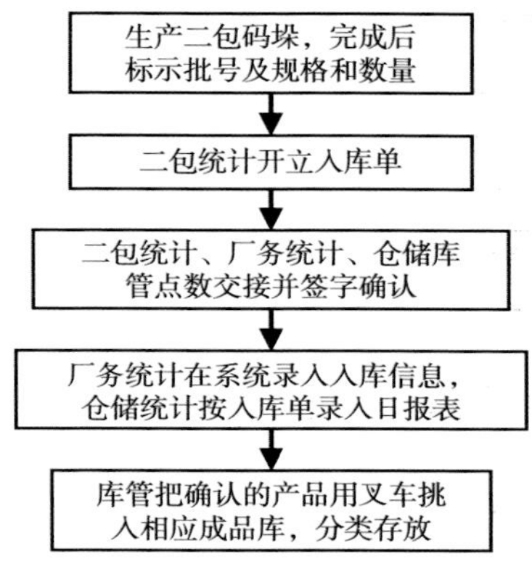

图11-5　冻品入库流程

2. 冻品出库流程（图11-6）

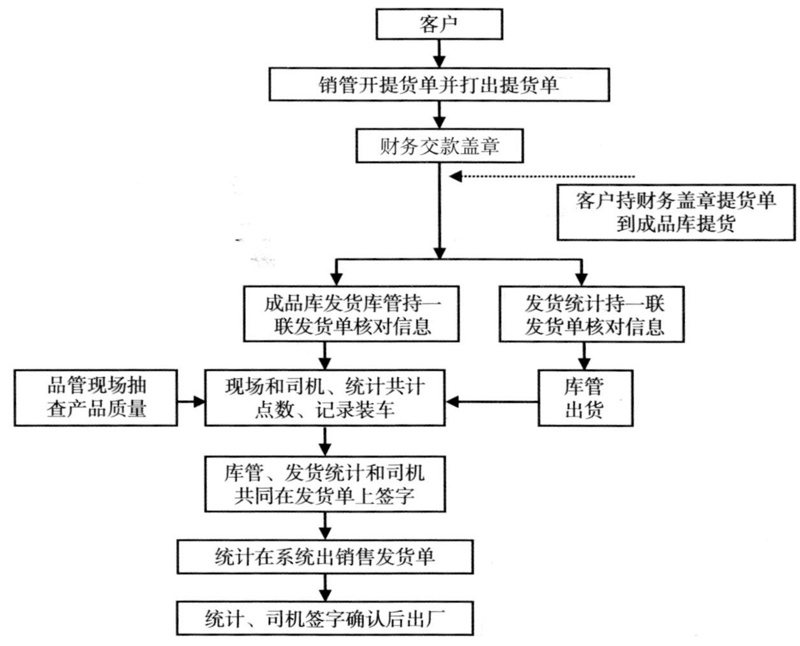

图11-6　冻品出库流程

第十二章　成品运输管理

第一节　车辆的选择与要求

一、车辆的选择

根据国家相关法律规定要求，定点屠宰厂应当使用符合国家卫生标准的专用运载工具，运输产品必须使用防尘或者设有吊挂设施的专用车辆，不得敞运，以免尘埃、血污等污染肉体。确保食品安全，公司全部选用独立冷机的冷藏厢式货车，保证在运输期间不间断制冷，保证产品质量（图12-1）。

图12-1　运输车辆

二、车辆温度的要求

针对不同的产品温度要求，车辆可调节不同的温度区间，鲜品的运输温度为0～7℃，冻品温度要求-12℃以下。针对深加工产品，按照其标识上的存储温度进行运输即可。运输过程的温度控制，通过加装GPS追踪系统，实时监控车辆温度、路线、时速等信息，确保车辆运输过程的安全可控。

1. 冰鲜品预冷产品温度必须保持在±2℃。

2. 冷冻产品必须控制在-15℃以下。

3. 预冷产品温度必须保持在0～7℃。

第二节　产品配送流程

一、车辆安排、配送配货流程（图12-2）

1. 调度员接到派车单后，根据计划调配车辆进行配送。

2. 配送人员按照配送要求，与仓储部核对产品数量，核对后经品管人员确认产品无质量问题后，在提货单上签字进行提货，仓储部安排装卸工装车，配送司机电话通知货主后发车。

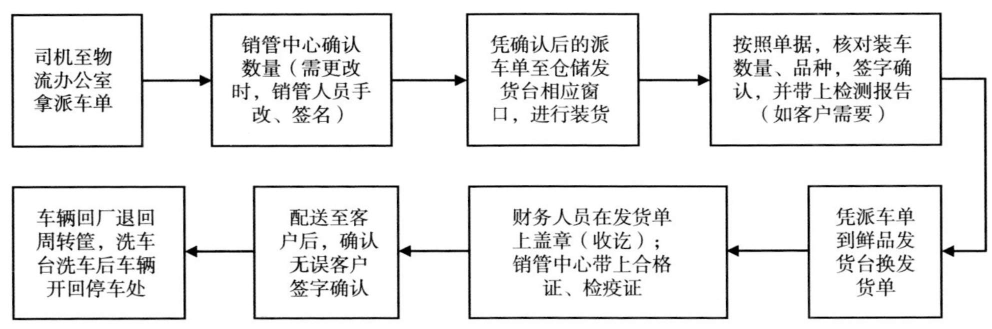

图12-2　鲜、冻品配送流程

二、运输过程控制流程

1. 产品装车完毕后，配送司机立即关门开制冷机，运输过程中必须保持货箱内温度在要求范围内，因制冷不到位发生的质量问题和经济损失由配送人员负责。

2. 运输途中因不可抗拒原因造成规定到货时间不能到达时，配送人员应及时和货主沟通，取得对方谅解，并在第一时间通知主管领导，调度与销售人员及时沟通协商处理，保证产品及时接收。否则造成的损失由配送人员负责。

三、交货流程

1. 到达配送地点后，配送人员要及时和货主进行产品交接，要当面核对数量，产品质量有无问题，如数量不在正常损耗范围内或产品出现质量问题，缺少部分和有质量问题的产品价值由配送人员承担。

2. 正常交接完毕，由客户确认无误后签单，配送人员按规定时间返回。

四、退货流程

1. 因质量或其他问题造成的退货，配送司机现场确认后，第一时间通知对应客户业务。由业务和公司退货人员沟通一致后通知司机返回工厂退货。

2. 若遇见缺重，超出损耗范围的，司机第一时间拍货物与秤的照片，联系业务。

第十三章　车间的生产管理

管理是企业的永恒主题，企业管理是一门科学。管理的好坏，直接影响产品质量和企业的经济效益。所以，应加强企业管理，向管理要效益。

第一节　卫生要求

一、进车间人员健康状况及卫生状况要求

1. 凡从事食品加工工作的人员必须取得健康证明方能上岗，且每年进行健康检查。

2. 凡患有痢疾、伤寒、病毒性肝炎等消化道传染病（包括病原携带者），活动性肺结核、化脓性或渗出性皮肤病及其他有碍食品安全的疾病的人员，不得从事接触直接入口食品的工作。

3. 外来参观人员必须如实申报个人健康状况，符合条件后方能进入生产车间。

4. 进入车间人员要勤理发、勤洗澡、勤剪甲，保持良好的个人卫生。

二、人员进入车间的着装要求（图13-1）

1. 人员进入车间前必须穿戴公司统一配置的洁净工作服，并应经常换洗，保持清洁。

2. 根据屠宰行业环境卫生要求，结合公司生产实际条件，规定公司人员进车间着装要求。由于屠宰区、分割区加工环境不同，为便于区分且防止交叉污

染，要求屠宰区工作服为大红色连帽工作服，分割区为粉红色分体工作服。以下是不同区域着装要求以及更衣流程。

屠宰区

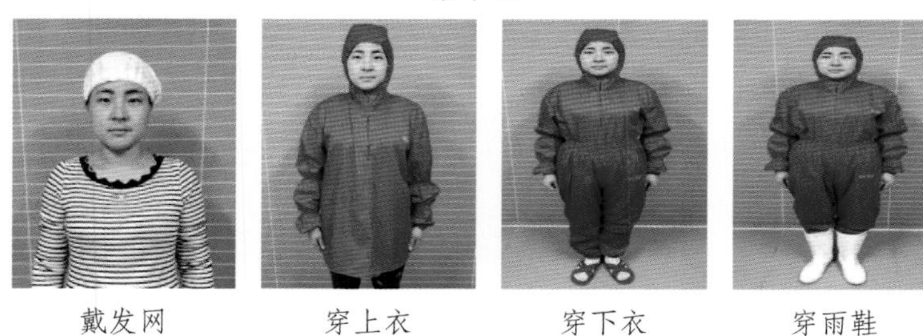

戴发网　穿上衣　穿下衣　穿雨鞋

分割区

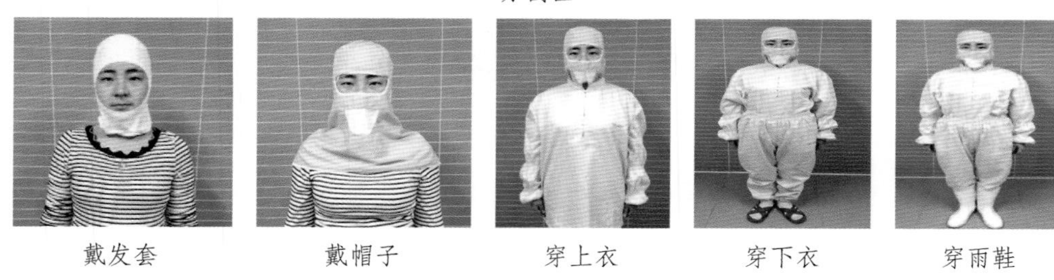

戴发套　戴帽子　穿上衣　穿下衣　穿雨鞋

图13-1　员工着装要求

3. 生产车间内工种不同人员工作服颜色不同，级别不同人员工作服颜色也不相同，如表13-1所示。

表13-1　工作服颜色划分

屠宰生产区	分割区	发货区
大红色	粉红色	蓝色
厂长	科长	班长
白色	橘色	橘色

备注：发货区工作服样式与屠宰区样式相同，颜色不同。各区域工作服样式相同，不同级别颜色不同。

三、人员出入车间禁带物品管理

1. 凡属于易脱落木制品、金属制品、易碎玻璃制品、易锈制品、饰品类等易产生异物，且产生的异物易混进中的物品，禁止带入生产车间。如图13-2所示。

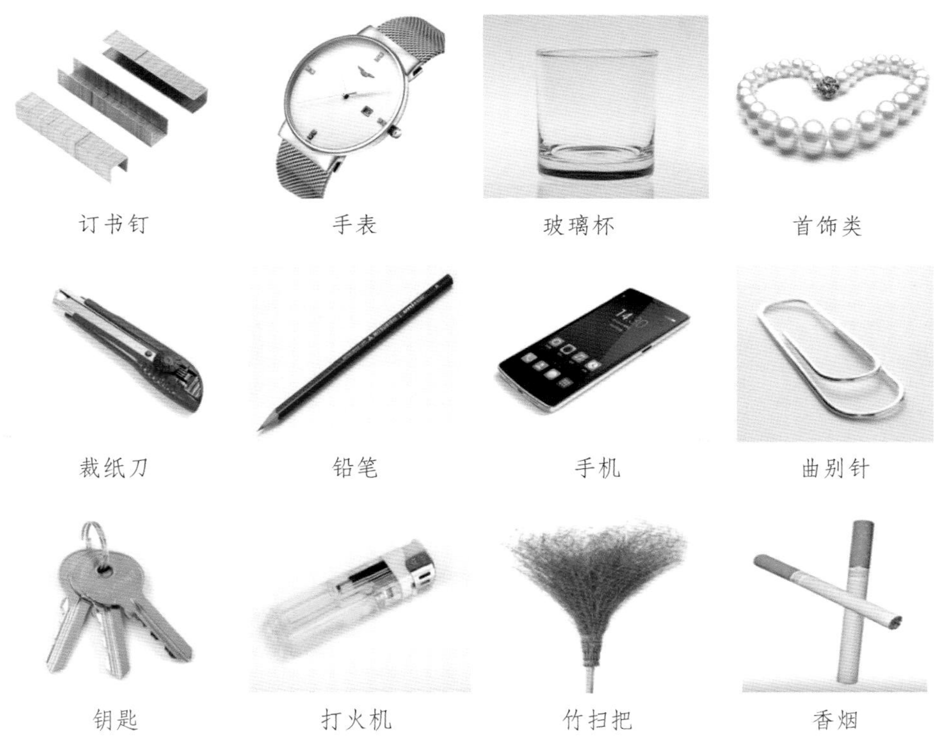

图13-2　禁止携带物品

2. 有毒有害制品禁止带入生产车间。如图13-3所示。

图13-3　有毒有害制品

四、6步洗手消毒程序（图13-4）

凡进入车间人员必须要经过洗手消毒方能进入生产车间。具体洗手消毒操作流程如下：①用流动的温水将手润湿；②按压分配器，挤出适量洗手液；③搓洗手部，清洁指甲缝和手指中央；④用流动的温水将手冲洗干净；⑤将双手浸入消毒槽内（50～100毫升/米^{3}的次氯酸钠溶液中）浸泡30秒；⑥用流动的温水将手冲洗干净。

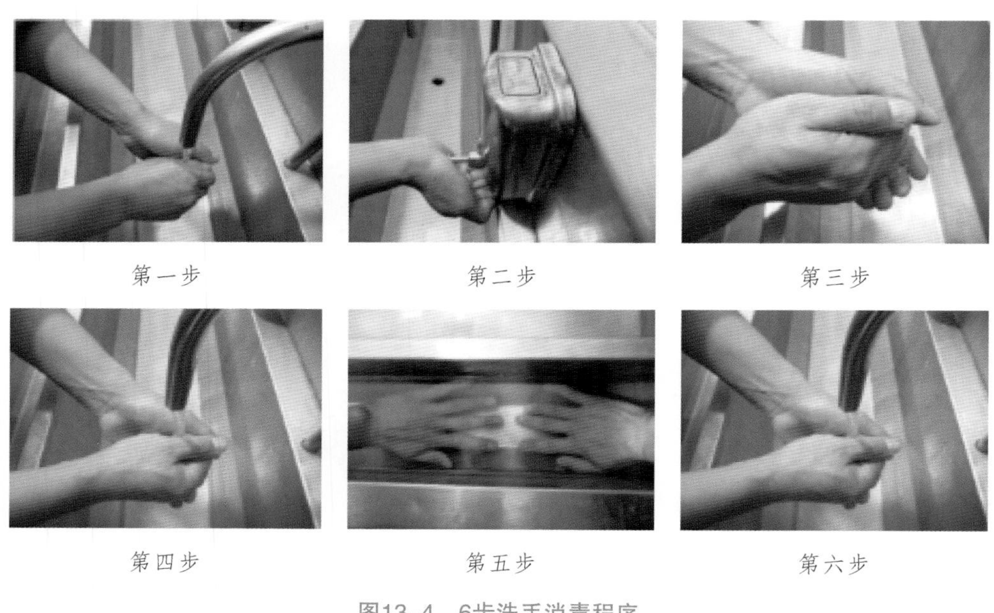

第一步　第二步　第三步

第四步　第五步　第六步

图13-4　6步洗手消毒程序

五、脚踏消毒池（图13-5，图13-6）

进入车间要更换工作靴，胶靴保持清洁，进入车间时双脚踏入放有200～300毫升/米^{3}消毒液的脚踏消毒池中消毒后，工作结束后，用洗靴机将胶靴刷洗干净，统一存放于更衣室备用。

图13-5　脚踏消毒池

图13-6　工作靴存放处

六、进出车间总流程图（图13-7）

进出洁净车间总流程图

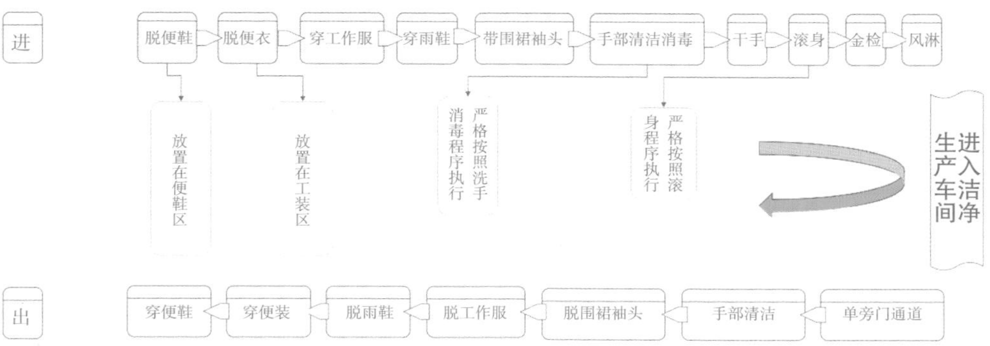

图13-7　进出洁净车间总流程

第二节　安全生产与工作记录

一、安全生产

屠宰分割车间是进行肉类食品初级加工的车间。车间内使用着较多的机器设备、刀具和电源。为了保证安全生产，必须做到如下。

1. 贯彻“预防为主”的方针，要加强对员工的安全生产教育。新上岗的人员要进行安全生产培训，考试合格后才能上岗，提高其安全生产意识和防范事故、抢救的技能。对于已发生的事故，要做到“三不放过”（事故原因分析不清不放出，事故责任者和群众没有受到教育不放过，没有防范措施不放过）。

2. 严格执行屠宰操作规程、屠宰加工设备操作维护检修制度和岗位责任制。

3. 机器设备要有专人负责，不是自己使用的机器设备，不要随便开动，以免损坏机器和发生事故。

4. 用水冲洗车间、设备时，要防止其被水淋湿，以免发生漏电、触电事故。

5. 使用道具要带上手套，进行要集中，要紧握刀把，拿刀行走时，要将刀尖向下，刀背向前，以防伤己、伤人。刀具不用时要放入刀鞘内，存放在有锁的柜里。

6. 使用喷灯燎毛时，要注意检查和擦净喷灯的漏油，防止烧伤。

7. 车间内要配备一定数量的消防器材，并训练有关人员数量操作使用。

8. 检查和排除机器设备故障时，要切断电源并由专人看管或挂有明显标记，以免发生意外事故。

9. 对触电人员要迅速地、正确地使之脱离电源，并进行人工呼吸，请医生抢救。对刀伤或其他外伤的人员应立即采取措施进行包扎防护，以免感染。

二、生产记录与报表

根据每天屠宰加工情况，认真做好生产记录和报表工作。

直接屠宰人员劳动生产率=屠宰总头数/直接屠宰人员实际人员 × 日数 × 100%

屠宰合格率=屠宰合格头数/屠宰总头数 × 100%

出肉率=肉体重量/生猪重量 × 100%

注：肉体重量指生猪屠宰加工后的胴体重量，不包括血、头、蹄、尾、内脏。

屠宰加工生猪耗水量（吨/头）=总耗水量/屠宰头数

屠宰加工生猪耗电量（度/头）=总耗电量/屠宰头数

通过记录和统计，可以全面了解车间生产情况，产品质量和耗电、耗水情况，作为研究改进生产和工作的依据，以提高企业的经济效益。

第十四章　生物安全管理

第一节　运输车辆的清洗消毒

一、生猪运输车辆清洗、消毒流程与职责

1. 流程　生猪运输车辆→消毒→卸猪→用水清洗车辆→消毒→出具消毒证明→门岗工作人员收取消毒证明→允许出公司。

2. 要求

（1）安环科负责在生猪入口设车轮消毒池（1∶200稀戊二醛溶液）；每日换水一次；结冰时，用喷雾器对车辆进行喷雾消毒。

（2）司机将卸猪后的车辆用水清洗后，用1∶200稀戊二醛溶液喷洒消毒（屠宰饲养班负责清洗、消毒设施维护、提供）。

（3）车辆清洗消毒后，宰前验收品管检查合格后开具"（生猪/产成品）运输车辆清洗消毒证明"，并做好消毒记录。

（4）生猪运输车辆出公司时，安环科值班人员应收取"（生猪/产成品）运输车辆清洗消毒证明"方可放行。

二、产成品运输车辆清洗、消毒流程与职责

1. 流程　产成品运输车辆→用水清洗车辆→消毒→出具消毒证明→品管验收车辆卫生（收取消毒证明）→允许装车。

2. 要求

（1）物流科应依据每天的派车计划，合理组织相关配送车辆在装车前进行清洗、消毒；清洗时，应清洗净车辆内、外部，做到整个车辆干净、卫生，

无脏污、异物，见箱体自然本色；清洗后，用200～300毫升/米^{3}次氯酸钠喷洒车辆内部。

（2）装车时，发货品管应收取“（生猪/产成品）运输车辆清洗消毒证明”存档，且认真确认车辆清洗消毒情况，卫生不合格的不予装车，直到卫生符合要求为止。

第二节　无害化处理

一、公司严格按照《中华人民共和国动物防疫法》《病死及病害动物无害化处理技术规范》（农医发〔2017〕25号）及相关法律法规的规定，对病害生猪或猪产品进行无害化处理。

二、配备相应的无害化处理设施。对下列生猪或猪产品进行无害化处理。

1. 病死、毒死、死因不明或患有重大动物疫病的生猪。

2. 屠宰过程中经检疫确认为不可食用的猪产品。

3. 国家规定的其他应当进行无害化处理的生猪或猪产品。

三、发生动物疫情时，公司无条件配合畜牧兽医行政主管部门，按要求处理病死、染疫或扑杀的同群生猪及其粪水、垫料等污染物。

四、无害化处理的方法和要求，按照国家有关标准规定执行。

五、动物粪水须经污水处理设施进行无害化处理，达到标准后排放，不得未经处理而擅自排放。

六、认真做好病死生猪或猪产品无害化处理记录。

七、实施和监督无害化处理的人员，要做好自身防护工作和消毒工作。

八、对不按照要求对病害生猪及生猪产品进行处理的，驻厂检疫监督人员应按规定进行处罚和强制处理。

九、违反本制度，造成疫情扩散蔓延，追究责任人的法律责任。

第三节　车间的公共卫生

屠宰厂规模要与生产任务相适应，不同生产区域的设施不但应适合生产工艺流程的要求，而且也应满足兽医检验、肉品检验和卫生管理的需要，保证肉品具有良好的品质和卫生质量。

一、主要生产区和卫生消毒要求

1. 宰前管理区　宰前管理区的主要任务是验收过磅、宰前检验和屠猪的宰前休息，一般不进行饲养储备。为保证屠猪有24小时的停食、饮水的休息时间，待宰圈的面积应为日屠宰量的一倍以上。圈舍应有防寒、隔热、通风、排污、饮水等设施。圈舍地面、通道和墙壁应用不渗水、耐腐蚀的材料建成。地面应防滑、易清洗、无积水、排污通畅。猪圈不宜过大，间隔牢固，以便于检疫和防止疾病传播。圈舍每日清理粪便、空圈清洗消毒。

待宰圈是屠猪宰前停留的场所，它应与屠宰车间的窒晕处相通，其贮存量应不少于当日每天屠宰量。待宰圈应由若干小圈组成，每日清洗消毒一次。在待宰圈和窒晕处之间应设有淋浴设施，用于屠猪宰前淋浴，洗去屠猪体表的粪便和尘土。

2. 屠宰加工区的卫生消毒　该区域是屠宰厂的主体，其卫生管理状况直接影响肉品的卫生质量。因此，车间根据区域、工器具、污染类型等的不同，为达到更好的消毒效果，采用不同消毒试剂，以达到良好的消毒效果。具体规定见表14-1。

表14-1　加工区卫生消毒

序号	项目	操作程序	频率
1	待宰/急宰间/无害化处理间/病变容器	彻底清理粪便/清理病变产品→清水冲洗→1：200稀戊二醛溶液喷洒消毒	每循环一次清理一次，清洗消毒一次

（续表）

序号	项目	操作程序	频率
2	放血刀具	生产过程中：每使用一次，插入刀具消毒器（不低于82℃热水）清洗消毒一次，交替使用 班后：清理碎屑→洗洁精刷洗→用清水冲洗→不低于82℃热水浸烫3分钟	每次使用后和班后一次
3	扁担钩	开启自动清洗系统，同时在线串钩前热水浸泡抹布擦洗	每天一次
4	工器具/传送带	程序1：清理碎屑→洗洁精刷洗/2%～5%→用清水冲洗→100～200毫升/米^{3}次氯酸钠溶液浸泡消毒30分钟→用清水冲洗 程序2：清理碎屑→洗洁精刷洗/2%～5%纯碱→用清水冲洗→不低于82℃热水浸烫3分钟	每班后一次
5	CO_2窒晕机	去除猪笼上部大块粪便→开启自动喷淋清洗系统→开启抽水设备排出粪便→抽净CO_2→人工清除粪便→高压水枪清水冲洗→高压水枪消毒液（100～200毫升/米^{3}次氯酸钠溶液）冲洗	每班后一次
6	鞭干机、抛光按摩机、脱毛机等机器设备	生产过程中：设备自带清洗系统，循环的清水，自上而下冲洗 班后：去除残留物→水枪冲洗→洗洁净刷洗→清水冲洗→喷50毫升/米^{3}次氯酸钠溶液滞留30秒→清水冲洗	每次使用后和班后一次
7	立式蒸汽烫毛隧道	开启自动清洗系统→去除残留物→清水冲洗→喷50毫升/米^{3}次氯酸钠溶液滞留30秒→清水冲洗	每班后清洗一次
8	台秤	班后用干净的抹布去除残渣，用72%～75%酒精喷洒消毒待用	每班后一次
9	窗、门、帘	洗洁精刷洗→清水冲净→沾50～100毫升/米^{3}次氯酸钠消毒水擦拭消毒	每班后一次
10	地面	2%～5%纯碱溶液刷洗→热水冲净→用刮板刮净；生产过程中的地面不得积水，随时刮净	每班后一次
11	下水道	清理杂物→洗洁精刷洗或2～5%纯碱溶液刷洗→清水冲净→200～300毫升/米^{3}次氯酸钠溶液消毒	每班清洗一次

3. 急宰间　经宰前检验提出的各种病猪，尤其是传染病病猪，应尽快从病猪隔离圈送往急宰间屠宰。急宰间是屠宰厂不可缺少的组成部分，其建筑要求与屠宰车间基本相同，卫生管理更加严格，设有独立的污水和粪便处理池，污水、污物必须在严格消毒后才能排放。

急宰间的工人和检验人员必须专司其职，应具有良好的卫生条件和个人防护措施。应设置与生产能力相适应的非手动式洗手、消毒设施。同时，应配备带有82℃以上热水的供应设施或具有同等消毒效果条件的工具和设备清洗消毒装置。急宰间的产品不能与屠宰车间的产品混合存放或混合处理，也不能进入冷库。经急宰的猪产品，凡被判为有条件使用的肉品，经高温蒸煮或高压灭菌后出厂，不可食用的部分无害化处理。

4. 分割车间的卫生消毒（表14-2）

表14-2　分割车间消毒

序号	项目	操作程序	频率
1	手推运输车	表面碎渣及残留物收集去除→沾洗涤剂刷洗→用清水冲洗→喷洒150～200毫升/米³次氯酸钠溶液消毒→用清水冲洗	每班一次
2	工器具（磨刀棍、刀具、案板、钢丝手套等）	生产过程中：去除油污→清水冲洗→72%～75%酒精喷洒消毒 班后*程序1：清理碎屑→洗洁精刷洗/2%～5%纯碱→用清水冲洗→100～200毫升/米³次氯酸钠溶液浸泡消毒30分钟→用清水冲洗 程序2：清理碎屑→洗洁精刷洗/2%～5%纯碱→用清水冲洗→不低于82℃热水浸烫3分钟 程序3：清理碎屑→清水冲洗干净→2%～5%脱普66清洁泡沫均匀喷洒→停留15分钟→清水冲洗干净→2 000～3 000毫升/米³Ⅱ型季铵盐消毒剂喷洒→停留15分钟→清水冲洗干净	班中至少每2小时一次 班后一次
3	塑料盒、筐、铁盒、速冻盘	程序1：清理肉屑→开启自动清洗机 程序2：清理肉屑→洗洁精刷洗或热纯碱水→用清水冲洗干净→不低于82℃热水浸烫3分钟或热水刷洗	每周转一次

（续表）

序号	项目	操作程序	频率
4	病变产品容器	清理病变产品→清水冲洗→1：200稀戊二醛溶液喷洒消毒	每循环一次
5	传送带、工作案台	生产过程中：去除油污→清水冲洗→72%～75%酒精喷洒消毒 班后*程序1：清理碎屑→洗洁精刷洗→清水冲洗干净→用150～200毫升/米^{3}次氯酸钠消毒水喷洒消毒→用清水冲洗 程序2：清理碎屑→清水冲洗干净→2%～5%脱普66清洁泡沫均匀喷洒→停留15分钟→清水冲洗干净→2 000～3 000毫升/米^3 Ⅱ型季铵盐消毒剂喷洒→停留15分钟→清水冲洗干净	班中至少每2小时一次 班后一次
6	蹬皮机、分段锯、锯骨机	程序1：去除残留物→热水刷洗→喷50毫升/米^{3}次氯酸钠溶液滞留30秒→清水冲洗→擦干 程序2：清理碎屑→清水冲洗干净→2%～5%脱普66清洁泡沫均匀喷洒→停留15分钟→清水冲洗干净→2 000～3 000毫升/米^3 Ⅱ型季铵盐消毒剂喷洒→停留15分钟→清水冲洗干净	每班一次
7	包装机	用干净的抹布去除残渣和油污→用72%～75%酒精喷洒消毒	班后一次
8	金属探测器、X光机	去除残留物→干净抹布擦拭→喷洒72%～75%酒精	班后一次
9	电子秤	生产前用72%～75%酒精喷洒消毒； 生产中用干净的抹布去除残渣，用72%～75%酒精喷洒消毒	至少每小时一次
10	窗、门、帘	洗洁精刷洗→热水冲净→沾50～100毫升/米^{3}次氯酸钠消毒水擦拭消毒	班后一次

（续表）

序号	项目	操作程序	频率
11	墙面	程序1：洗洁精刷洗→热水冲净→200～300毫升/米^{3}次氯酸钠消毒水喷洒消毒 程序2：清理碎屑→清水冲洗干净→2%～5%脱普66清洁泡沫均匀喷洒→停留15分钟→清水冲洗干净→2 000～3 000毫升/米^{3}Ⅱ型季铵盐消毒剂喷洒→停留15分钟→清水冲洗干净	班后一次
12	地面	程序1：2%～5%纯碱溶液刷洗→热水冲净→用刮板刮净→200～300毫升/米^{3}次氯酸钠消毒水喷洒消毒；生产过程中的地面不得积水，随时刮净 程序2：清理碎屑→清水冲洗干净→2%～5%脱普66清洁泡沫均匀喷洒→停留15分钟→清水冲洗干净→2 000～3 000毫升/米^{3}Ⅱ型季铵盐消毒剂喷洒→停留15分钟→清水冲洗干净	班后一次
14	车间环境	班后打扫干净后开启紫外线/臭氧发生器30～60分钟	班后一次
15	下水道	程序1：清理杂物→洗洁精刷洗或2%～5%纯碱溶液刷洗→清水冲净→200～300毫升/米^{3}次氯酸钠消毒水消毒 程序2：清理碎屑→清水冲洗干净→2%～5%脱普66清洁泡沫均匀喷洒→停留15分钟→清水冲洗干净→2 000～3 000毫升/米^{3}Ⅱ型季铵盐消毒剂喷洒→停留15分钟→清水冲洗干净	班后一次

5. 速冻库的卫生消毒

（1）利用臭氧除异味和消毒：臭氧祛味的效果取决于它的浓度。浓度越大，氧化反应的速度也就越快。不仅适用于空的速冻库，对于装满食品的冷库也很适合。注意：由于臭氧是一种强氧化剂，长时间吸入浓度很高的臭氧对人体有害，因此臭氧处理时，操作人员最好不留在库内，待处理后过2小时再进入。

（2）挑选一些高科技的祛味清洁剂：利用氨化合物与有害物质发生化学反应，从而起到了祛味清洁的作用，可以去除散发出的有害气体。

（3）利用活性炭吸附：将活性炭适量分布于冷库房内，并打开库门通风，一个周换一次活性炭，两周后异味便可基本祛除。

（4）清洁剂或清水清洗：速冻库安装建造好之后，用沾有消毒或其他清洁作用的洗涤剂擦洗冷库体，注意不能用强腐蚀性清洁剂。

二、给水和污水处理系统

1. *给水系统* 屠宰加工企业在生产中要消耗大量的水，水质好坏直接影响肉品的卫生质量。按规定食品企业的生产用水必须符合卫生部颁发的《生活饮用水卫生标准》，一般来说，市政部门供应的自来水都符合该标准。

如果企业用水为自备深井水，也应符合《生活饮用水卫生标准》，井周围必须加以保护，20～30米之内不能有厕所、粪坑、污水管道或垃圾堆等。

2. *屠宰加工污水处理* 屠宰厂产生的废水具有流量大、污物多和气味不良的特点。虽然化学残留较少，但有大量微生物和寄生虫卵，任其排放就会污染地下水、地面水和大气，直接影响工农业和居民饮水的质量，在公共卫生和流行病控制方面具有一定的危险性。屠宰厂的废水主要是宰前冲洗粪便、屠宰加工、内脏整理、肉品分割所产生的，其中含有废弃的组织碎屑、脂肪、血液、毛污、胃肠内容物等，是典型高浓有机污水。

凡高浓度有机废水都具有高的生化需氧量。生化需氧量又称生化耗氧量，是指水中有机物经过微生物的生物化学作用而被氧化分解时，所耗去的水中氧气的总数量，缩写为BOD。其数高，说明水中有机污染物的含量越多，污染就越严重。因此，限定BOD是所有污水控制方案的内容，其着眼点是限制高的BOD物质进入工业废水系统。工业废水不能直接排放，要在工厂内进行处理达标后才能排入城市的污水系统。

三、更衣室、工作服的消毒

1. *更衣室消毒流程* 班后由更衣室管理人员清理卫生，再用紫外线/臭氧消毒30～60分钟。

2. *工作服消毒流程* 班后由更衣管理人员收集工作服，按照不同区域进行分类，送公司洗衣房洗涤漂洗，脱水烘干后紫外线消毒60分钟。

第四节　工厂废弃物的处理和利用

一、废弃物的分类

废弃物是指经相关部门确认的车间废弃包材、劳保、配件、低耗品等。主要有以下类别。

1. 废弃设备　公司淘汰不可利用的设备。

2. 废旧配件　设备维修更换下来的不可使用的配件、工器具及铁制器皿。

3. 废旧包材　生产部门生产废弃的纸箱、薄膜、打包条、塑料桶等包装材料。

4. 废旧劳保物料　由食品事业部确认的废弃工装、胶鞋、围裙等劳保、物料。

5. 生活废弃物　由管理部环卫整理无使用价值的饮料瓶、纸张等废弃物。

6. 危险废弃物　化验室产生废弃化验检测用器具和药品及生产设备淘汰机油。

7. 生产废弃物　指报废产品、不可食用产品、无害化处理油脂和油渣等。

8. 其他废弃物　废弃轮胎、电瓶等废弃物。

二、废弃物的处理

1. 废弃物料管理职责　废弃设备由工程部负责处理，其余废弃物由行政部牵头负责处理。

（1）设备部根据不可使用的设备配件、工具及铁制器皿区分不锈钢、钢材、塑料、铜、铝等废弃物。

（2）食品事业部区分纸箱、塑料膜、劳保材料（衣服、胶鞋、手套等）等废弃物。

（3）食品安全部负责区分生产废弃物。

2. 废弃物料处理管理办法

（1）行政管理部根据确定的废弃物销售类别，联系客户进行比价，价格经相关部门审核，公司总裁批准后方可销售，原则上一月确定一次销售价格。

（2）行政管理部每期处理的废品时由行政、财务、仓储三方现场确认，收入交由财务部收款，并开具收款收据，作为客户出门的依据。

（3）生产废弃物、危险废弃物、生活垃圾必须找有资质进行深加工单位收购，严禁流入食品加工环节。

（4）凡未经公司行政管理部统一处理的废弃物料，不得出厂；其他部门和个人不得私自处理废弃物料，一经发现，按偷盗处理，物品价值重大者，交公安机关处理。

第十五章　安全生产管理

安全生产管理就是针对人们在安全生产过程中的安全问题，运用有效的资源，发挥人们的智慧，通过人们的努力，进行有关决策、计划、组织和控制等活动，实现生产过程中人与机器设备、物料环境的和谐，达到安全生产的目标。

生产目标：减少和控制危害，减少和控制事故，尽量避免生产过程中由于事故造成的人身伤害、财产损失、环境污染以及其他损失。

基本对象：是企业的员工，涉及企业中的所有人员、设备设施、物料、环境、财务、信息等各个方面。

安全生产管理的内容包括安全生产管理机构、安全生产管理人员、安全生产责任制、安全生产管理规章制度、安全生产培训、安全生产档案等。

本章节以70万头生猪屠宰量为例，以满足国家法律法规要求和安全生产目标的前提，阐述项目筹建、验收、投产使用等各环节中应注意的事项，同时讲述项目生产过程中安全、消防、环保、职业健康、特种设备管理、重大危险源管理、危险化学品管理、培训、虫鼠害防治等方面需要健全的相关事项。

在生产过程中存在的主要危险、有害物质有：氨（液化的，制冷剂还可使用氟利昂等，但液氨在食品行业制冷中使用较为广泛，本项目以液氨为制冷剂进行说明）、天然气、空气（压缩的）、次氯酸钠溶液、氧（压缩的）、乙炔、丙酮和液化石油气等；生产过程中潜在的危险、有害因素有：中毒和窒息、火灾、爆炸、灼伤、腐蚀、低温冻伤、触电、机械伤害、高处坠落、物体打击、车辆伤害、噪声与振动、高低温、坍塌、非电离辐射、淹溺和其他伤害等。

第一节　项目建设三同时

三同时是指建设项目中的安全、环保、消防、职业卫生防护设施设备必须与主体工程同时设计、同时施工、同时投入使用，以确保相关生产经营场所安全、环保、消防和劳动防护设施设备的合理配置和及时到位，为安全生产和劳动者健康提供保障。

一、安全（含消防）

建设单位是建设项目安全（含消防）设施建设的责任主体。建设项目安全设施必须与主体工程同时设计、同时施工、同时投入生产和使用（以下简称“三同时”）。安全设施投资应当纳入建设项目概算。

1. 在建设项目初步设计时，应当委托有相应资质的第三方设计单位对建设项目安全设施进行设计，编制安全专篇。安全设施设计必须符合有关法律、法规、规章和国家标准或者行业标准、技术规范的规定，并尽可能采用先进适用的工艺、技术和可靠的设备、设施。安全设施设计还应当充分考虑建设项目安全预评价报告提出的安全对策措施。安全设施设计单位、设计人应当对其编制的设计文件负责。

2. 建设项目竣工后，在正式投入生产或者使用前进行试运行。试运行时间应当不少于30日，最长不得超过180日。

生产、储存危险化学品的建设项目，应在建设项目试运行前将试运行方案报当地安全生产监督管理部门备案。项目中液氨为危险化学品，为危险化学品的储存单位。

3. 建设项目安全设施竣工或者试运行完成后，建设单位应当委托具有相应资质的安全评价机构对安全设施进行验收评价，并编制建设项目安全验收评价报告。

4. 该项目的安全管理部门应当按照档案管理的规定，建立建设项目安全设施“三同时”文件资料档案，并妥善保存。安全设施如未与主体工程同时设计、同时施工或者同时投入使用的，将面临被当地区级安监部门责令生产经营单位立即停止施工、限期改正违法行为，对项目单位负责人和有关人员依法给予行政处罚的风险。

5. 消防　项目设计图纸应提交当地消防部门进行审核批准，并在项目建设结束后请消防设计批准部门进行消防验收，未经验收的施工项目，禁止投入使用。

二、环　保

根据我国2015年1月1日开始施行的《中华人民共和国环境保护法》第41条规定："建设项目中防治污染的设施，应当与主体工程同时设计、同时施工、同时投产使用。防治污染的设施应当符合经批准的环境影响评价文件的要求，不得擅自拆除或者闲置。"

1. 项目的初步设计，应当按照环境保护设计规范的要求，编制环境保护篇章，并依据经批准的建设项目环境影响报告书或者环境影响报告表，在环境保护篇章中落实防治环境污染和生态破坏的措施以及环境保护设施投资概算。

2. 项目的主体工程完工后，需要进行试生产，配套建设的环境保护设施必须与主体工程同时投入试运行。建设项目试生产期间，应当对环境保护设施运行情况和建设项目对环境的影响进行监测。

3. 建设项目竣工后，应当向审批该建设项目环境影响报告书、环境影响报告表或者环境影响登记表的当地市环保局或区环保分局，申请该项目进行环境保护设施竣工验收。

4. 分期建设、分期投入生产或者使用的建设项目，其相应的环境保护设施应当分期验收；经验收合格，该建设项目方可正式投入生产或者使用。

5. 该项目主要污染源及污染物

（1）废水：主要包括生产废水、生活污水、冷却废水，生产废水包括车辆清洗，待宰间清洗、屠宰和加工工序排放的清洗废水，废水中主要含有血液、油脂及清洗内脏时内容物等。

（2）废气：主要有待宰圈、屠宰车间产生的气味；固体废弃物在处置前堆放过程中产生的恶臭。

（3）废渣：废渣主要有加工废料、生活垃圾、污泥等。

（4）噪声：厂界噪声由机械设备及物料输送设备产生，主要由机构传动和旋转系统等设备产生，噪声水平在50～80分贝。

6. 治理措施

（1）废气治理措施：对屠宰车间、胴体加工间、待宰圈进行封闭，采取集中换气、排风系统；同时，厂界密植抗污能力强的树木，形成防护林带，阻隔臭味向外扩散。

（2）废水治理方案：生活废水中的含粪便废水需经化粪池处理，化粪池处理后和一般生活废水合并流入污水处理站，处理后达到国家规定的排放标准后，一部分循环到收购停车场、待宰圈清洗地面；一部分可以浇灌树木、绿化带；一部分可以外排到围墙外的农田作灌溉使用。

生产废水首先进入污水处理站格栅井，滤去杂质后进入集水井，用泵提升至旋转式细格栅滤去细小杂质，再入污水调节池，进行均量、中和调节，栅渣送干化场干燥处理。处理后的污水用泵提升至气浮机进行气浮处理，可分离出大量的浮渣，浮渣送干化场干燥处理。气浮处理后的污水送入二级生化处理（好氧生化处理），来自气浮罐中的废水进入接触氧化池内，池中有填料供微生物栖息，通入空气进行曝气，空气由罗茨鼓风机给入，池中的高传质效率的可变微孔曝气器氧的传递效率高、耗电少。在空气存在条件下，好氧微生物进一步将污水的污染物降解，转化为微生物体系列化污泥，泥水混合物进入二沉池中沉淀分离，污泥去污泥循环使用。分离后的清水在清水池中暂存，供循环使用或外排。各部分产生的污泥集中在污泥池中，部分循环使用，部分送污泥干化场中干化处理，外运用于加工生物有机肥。

（3）废渣治理方案：项目产生的原料渣或废料可以全部回收利用，由企业的附属单位或承包给有资质的第三方进行回收加工利用。

项目生产的生产及生活垃圾，由城市环卫部门收集并统一处理。

由于生产过程中没有有毒物质产生，污水处理站产生的污泥可以全部回收用于生产生物有机肥加以综合利用。

根据项目产生废渣的总量以及固废暂存要求，需配套建设100立方米的固废临时存储仓库，采取防扬撒、防流失、防渗漏等措施，并及时处理，日产日清。

（4）噪声治理方案：对于新增设备产生的噪声，生产中采取必要的减振措施，设计中所采用的动力设备，采取集中布置、分区隔离法，来防止噪声污染环境。对噪声源处部分采用单独分隔（建隔音室）的办法，有效降低噪声的影响。

（5）厂区绿化项目在建设的同时，充分设计好绿化方案，因地制宜选择和布置绿地，并考虑树形和草地的布置与周围建筑协调，绿化重点为厂前区和厂区建筑物周围。

综上所述，该项目建设的环保重点为屠宰废水污染的防治措施（污水处理厂的建设）、固体废弃物的储存及处置、固废暂存间的设置以及环境风险事故（液氨泄漏等）的预防和应急措施。

三、职业健康

根据《中华人民共和国职业病防治法》第十六条规定："建设项目的职业病防护设施所需要费用应当纳入建设项目工程预算，并与主体工程同时设计、同时施工、同时投入生产和使用。"职业病防护设施所需费用应当纳入建设项目工程预算。

职业病防护设施是指消除或者降低工作场所的职业病危害因素的浓度或者强度，预防和减少职业病危害因素对劳动者健康的损害或者影响，保护劳动者健康的设备、设施、装置、构（建）筑物等的总称。

对可能产生职业病危害的建设项目，应当进行职业病危害预评价、职业病防护设施设计、职业病危害控制效果评价及相应的评审，组织职业病防护设施验收，建立健全建设项目职业卫生管理制度与档案。

建设项目职业病防护设施"三同时"工作可以与安全设施"三同时"工作一并进行。建设单位可以将建设项目职业病危害预评价和安全预评价、职业病防护设施设计和安全设施设计、职业病危害控制效果评价和安全验收评价合并出具报告或者设计，并对职业病防护设施与安全设施一并组织验收。

四、其他安全事项

1. 对生产车间中有用热设备的场所考虑通风降温措施。

2. 生产中使用的压力容器制造、使用和维修都要严格遵守有关压力容器及管道安全管理规定。

3. 车间内设置更衣室、卫生间等生活设施。

4. 中央控制室考虑空调和通风设备。

5. 操作平台、过道、楼梯等都要安装牢固的栏杆、扶手、挡板、滑坡形台级。

6. 原料贮存区要有避雷装置。

7. 工人工作时应严格按照操作规程，保证设备运转不超负荷，一切运转设备要有防护罩。

8. 建筑物室内设置室内消火栓，连接成环网，并配置手提式灭火器。各车间工序，严禁动用明火，人走灯灭，切断电源，严禁吸烟。

9. 各车间备有消防设备定期检查更新。

第二节　安全机构和安全人员配置

根据《中华人民共和国安全生产法》第二十一条：矿山、金属冶炼、建筑施工、道路运输单位和危险物品的生产、经营、储存单位，应当设置安全生产管理机构或者配备专职安全生产管理人员。

根据《食品生产企业安全生产监督管理暂行规定》（国家安全生产监督管理总局令第66号）第六条：从业人员超过300人的食品生产企业，应当设置安全生产管理机构，配备3名以上专职安全生产管理人员，并至少配备1名注册安全工程师。

一、安全机构的设置

1. 成立安全生产委员会，由公司法人代表任委员会主任，主管安全生产的公司领导任副主任，各职能部门主管为委员。安全生产委员会为公司安全管最高组织机构。

2. 设立安全生产管理部门，并指定专职安全生产管理人员，屠宰、分割、仓储各车间（或班组）各设一名兼职安全管理人员。

3. 成立事故应急指挥小组，指定公司领导任组织，员工为组员，实行统一指挥。

4. 安委会职责

（1）建立健全各项安全生产责任制、安全管理制度，配备足够的安全管理人员。

（2）编制切实可行的工艺技术规程、安全操作规程，制定运行方案并编制紧急事故应急处理预案。

（3）对操作人员进行专门的安全教育和培训，组织学习有关工艺技术规程、安全操作规程、试运行方案以及异常情况下的应急处置措施，生产指挥人员、操作人员经安全考核合格方能上岗操作。

（4）对生产装置的工厂质量和各岗位生产准备工作、装置安全性进行全面检查，做到隐患不消除不运行、条件不具备不运行、事故处理方案不落实不运行。

（5）严格执行各项管理制度、操作规程，不违章指挥、不违规操作；对重点部门严格控制，加强巡回检查，及时发现问题。出现异常情况，应组织相关人员研究提出解决方案，落实安全措施，并在确保安全的情况下方可继续试生产。

（6）对生产期间安全设施、设备运转情况，各项安全措施落实情况进行全面总结，并向当地安监部门申请对安全设施进行验收。

（7）根据《危险化学品管理条例》（国务院令第344号）的相关规定，每三年对液氨储存区域进行安全现状评估并报当地安监部门备案。

二、安全管理人员的条件和数量

设立安全生产管理部门，以公司名义任命专职安全生产管理人员2名。各班组设一名兼职安全管理人员。

第三节　各级安全生产责任制

安全生产责任制是根据我国的安全生产方针“安全第一，预防为主，综合治理”和安全生产法规建立的各级领导、职能部门、工程技术人员、岗位操作人员在劳动生产过程中对安全生产层层负责的制度。安全生产责任制是企业中最基本的一项安全制度，也是企业安全生产、劳动保护管理制度的核心。

公司安全管理部门应发布各级别、各岗位的安全生产责任制并进行全员培训。

一、SHE总体责任

1. 明确企业最高主管是SHE第一责任人；对《中华人民共和国安全生产法》规定的企业主要负责人安全职责进行了细化。

2. 制定SHE委员会和各管理部门及基层单位的SHE职责。

3. 建立SHE责任制考核机制并定期考核，予以奖惩。

二、企业主管

1. 建立、健全本单位安全生产责任制。

2. 组织制定本单位安全生产规章制度和操作规程。

3. 保证本单位安全生产投入的有效实施。

4. 督促、检查本单位的安全生产工作，及时消除生产安全事故隐患。

5. 组织制定并实施本单位的生产安全事故应急救援预案。

6. 及时、如实报告生产安全事故。

三、安全（SHE）主管

1. 必须明确安全生产主管领导责任。

2. 组织制订并落实安全生产责任制、安全生产规章制度和安全技术操作规程。

3. 组织制订事故应急救援预案，落实应急救援队伍、应急救援物资，组织应急救援演练。

4. 组织安全生产大检查，组织力量整改各项事故隐患。

5. 组织事故和职业病的调查、处理和上报工作。

四、班组长

1. 必须明确班组长是班组安全生产第一负责人。负责把企业的各项安全生产制度和规定落实到班组。

2. 严格要求职工遵守安全技术操作规程，制止违章作业。

3. 组织车间员工经常开展安全生产教育活动。

4. 坚持班前讲安全、班中查安全，班后总结安全。

5. 组织班组安全检查或班组安全活动，对发现的事故隐患及时向上级报告，并督促有关人员解决。

6. 发生事故立即报告，组织人员抢救，采取措施防止事故扩大，保护好现场，并做好记录。

五、员　工

1. 严格执行安全生产规章制度和安全技术操作规程，严禁违章作业。

2. 按规定正确穿戴劳动防护用品，安全使用劳动防护用品及装置。

3. 保持作业环境整洁，做到文明生产。

4. 了解岗位中存在的危险因素、防范措施以及事故应急措施。

5. 发现事故隐患立即停止作业，立即向有关人员反映。

6. 积极参加安全生产教育培训和安全生产检查活动。

7. 有权对安全生产工作提出建议，有权拒绝违章作业或冒险蛮干，发现直接危及人身安全的紧急情况，有权停止作业或采取可能的应急措施后，撤离作业场所。

第四节　三级安全教育

新从业人员进行厂级、车间（工段）级、班组级三级安全培训教育，经考核合格后，方可上岗。三级安全培训教育的内容、学时应符合安全监管总局令第3号的规定。

一、公司级安全教育

不少于8学时，由人力资源部负责进行，并填写《企业职工安全教育培训档案》的公司级教育部分，其教育内容为：

1. 国家有关生产、消防等安全的法律、法规、公司各种安全管理规章制度。

2. 从业人员的安全生产权利和义务。

3. 公司安全生产状况、重点安全部位的介绍及安全注意事项。

4. 燃烧的常识、灭火的基本方法、消防器材设施的使用方法。

5. 机械、电气设备操作的一般安全知识、事故预防的基本知识和逃生自救、互救的常识。

6. 发生事故后的报告、报警内容和报警方法。

7. 事故应急救援预案。

8. 讲述有关事故案例。

二、车间级（部门级）安全教育

不少于8学时，由各车间负责进行，并填写《企业职工安全教育培训档案》的车间（工段、区、队）级安全教育部分，其内容为：

1. 车间的生产概况、特点，安全生产情况。

2. 车间的危险部位、危险机电设施、尘毒作业管理。

3. 各种安全管理制度、安全操作规程和劳动纪律。

4. 车间安全防护装置、消防器材的性能和使用方法。

5. 事故现场的自救互救，现场疏散和紧急情况的处理。

6. 结合本车间的事故教训，强调安全注意事项。

7. 职业卫生和职业病防治法规教育。

8. 讲述有关事故案例。

三、班组级（岗位级）安全教育

不少于8学时，由各班组负责进行，并填写《企业职工安全教育培训档案》的班组级岗位安全教育部分，其内容为：

1. 班组安全生产概况、工作性质，岗位安全生产责任制。

2. 各工种的安全注意事项，机电设备安全操作规程，安全防护设施的性能和作用。

3. 作业区域的环境卫生及尘源、毒源、危险机件、危险物的控制方法、安全防护用品的正确使用方法。

4. 生产安全装置、消防器材设施的正确使用方法。

5. 机械、电气设备的安全巡查、设备吹扫程序、如何“看、听、摸、嗅”。

6. 安全隐患的记录，事故的报告程序和紧急处理措施。

7. 岗位劳动保护知识教育及防护用具使用方法。

8. 班组交接班制度的教育和落实。

四、三级安全培训教育考试

实行补考制，第一次考试不合格者可以进行一次补考，补考未合格的退回人力资源部。

请、休假或者因其他原因离岗6个月以上者（含6个月），参照相关条款的内容，对其进行“复工”安全教育（岗前二、三级安全教育）。

五、安全教育的方法和形式

安全教育可以采取讲授、演示、参观、讨论、召开各种安全会议的方法和安全知识、技能竞赛及事故应急救援演练的形式等。

第五节　特种设备管理

一、特种设备安装要求

本项目涉及特种设备有天然气锅炉、压力容器、压力管道、叉车、安全阀、电梯、压力表等特种设备及附件。

1. 压力容器、压力管道、起重机械等特种设备及其安全附件、安全保护装置的设计、制造和安装单位应当有特种设备的设计、制造和安装资格。

2. 特种设备出厂时，应当附有安全技术规范要求的设计文件、产品质量符合要求证明、安装和使用维修说明、监督检验证明等文件。

3. 压力表要与工艺生产过程对测量的要求、被测介质的性质、现场的环境条件相适应。安装要符合《压力容器安全技术监察规程》的要求。

4. 安全阀的安装要符合《压力容器安全技术监察规程》的要求。设置安全阀时应注意以下几点。

（1）一般安全阀可就地放空，放空口应高出操作人员1米以上且不应朝向15米以内的明火地点、散发火花地点及高温设备。室内设备、容器的安全阀放空口应引出房顶，并高出房顶2米以上。

（2）当安全阀入口有隔断阀时，隔断阀应处于常开状态，并要加以铅封，以免出错。

二、特种设备采购要求

采购部门负责特种设备供货商资质审核，保证特种设备及配套出厂资料齐全（安全技术规范要求的设计文件、产品质量合格证明、安装及使用维修说明、监督检验证明等文件）。

1. 设备部门负责特种设备初装期间的安全管理工作，严格落实“三同时”。

2. 特种设备使用部门，负责本部门范围内特种设备的具体管理工作，建立健全各类特种设备安全管理台账。

三、特种设备日常管理

1. 特种设备正式投入使用前（或试用30天内），由使用单位负责办理特种设备使用证。第三方负责安装的特种设备工程部应将办理安装告知、使用证等事宜列入合同内容，明确由施工方负责，工程结束交付使用同时提交特种设备使用证。

2. 特种设备安全检验合格期满前一个月，与当地质监部门沟通进行设备定期检验。

3. 所有特种设备安装必须由生产厂家或具备资质的安装单位负责。

第六节　虫鼠害防治

为了预防蝇虫对原材料、机械设备以及环境等造成污染，消除蝇虫带来的质量安全危害，维护安全卫生的生产环境和健康舒适的工作环境，对公司所有办公区域和生产区域的蝇虫的控制。

安全管理部门负责与蝇虫防治公司制定控制程序，并按照相关要求进行防鼠工作。防治公司必须是专业的服务公司，提供相关资质证明并在有效期内，提供以下服务。

一、鼠害控制

1. 制定鼠害控制图，标注鼠笼、粘鼠板、捕鼠器等控制虫鼠害装置的分布位置，并根据装置布局的变化及时调整。

2. 在车间、仓库等外围每隔20～30米设置鼠笼，车间、仓库出入口处加密设置鼠笼。并将所有鼠笼进行编号，标注在鼠害控制图上；加工车间内采用纯机械方法灭鼠，不放置鼠药等化学药品。仓库、配电房可使用粘鼠板进行灭鼠。

3. 每周对鼠笼进行一次检查，并做好检查记录。

4. 每月进行一次灭鼠，每两个月出具一次灭鼠报告。并根据灭鼠记录数据对鼠害发生趋势进行分析，并采取相应的整改措施。

二、蝇虫防控

1. 在生产区域周围设置捕蝇装置并及时清理。

2. 制定灭蝇装置布局图，并根据实际情况适时修改更正。

3. 在车间和库房的关键区域按规定安装灭蝇灯，特别是车间入口处。灭蝇灯应每15天检查清洁一次，虫害高发季节（5～9月）应每周进行一次检查清洁，并做好记录。

4. 各车间应封闭，对外的门应装有软门帘以防止门被拉开使飞虫进入，所有门在非使用情况下应保持关闭。

5. 车间地面和墙壁的卫生保持清洁干燥，无污水垃圾等；要有必要的通风设施，保持室内空气流通。

6. 定期对生产设备和辅助设施进行清洗、消毒等维护措施，并做好相应的检查记录。

7. 在蚊虫多发的季节（5～9月）可喷洒农药。农药严格按照MSDS进行配置，并由化学药品库管进行登记记录。厂区外围生活区由行政管理部负责喷洒；食品事业部负责对生产区域喷洒。喷洒频率为每周一次。

8. 操作人员必须是经过培训的虫害控制人员，操作前认真阅读并理解设备和杀虫剂的使用说明；操作员应佩戴好防护用品后进行操作。

9. 化学药品的使用规定

（1）必须使用有国家认可机构认可使用的杀虫剂（要有农药登记证书、MSDS、杀虫剂的标签）。

（2）应对使用人员进行专业培训，以确保安全使用。

（3）药品应放在密封的地方，由化学药品库实行双人双锁管理，以防止对人造成伤害。

（4）对药品的领取和使用进行严格记录，并定期检查药品放置区域的数量。

（5）所有药品必须有原料安全数据单（MSDS），并在使用时遵守注意事项。

（6）车间内禁止使用化学药品控制鼠害，采用物理控制装置。

第七节　危险化学品管理

一、危险化学品的采购

1. 各类危险化学品在满足生产需要的情况下，实行即用即购的限量购入原则，尽量减少库存量，缩短存放时间，严格控制危险品的中转环节。

2. 使用部门根据对危险化学品的使用需要、数量和质量进行选择，向采购部提出采购计划，由部门经理审批后报采购部。对于申请购买新品种化学品，应将该化学品的安全技术说明书、安全标签提供给质量检验部门和安全管理人员进行审核，之后报送公司负责人审批。

3. 采购部门须要求危险化学品供应商提供其产品安全生产许可证、经营许可证、检验报告、安全技术说明书及安全标签等，若进口化学品，还须附有中、英文的安全技术说明书等文件、证书。

4. 采购部门须对危险化学品运输单位、运输车辆及驾驶员、押运员的资质进行查验和备案。

（1）运输单位的资质：《道路危险物品运输经营许可证》等。

（2）运输车辆的资质：《道路危险货物运输许可证》《剧毒化学品公路运输通行证》《移动式压力容器使用登记证》等。

（3）驾驶员的资质：《驾驶证》《营业性道路运输驾驶员从业资格证》。

（4）押运员的资质：《道路危险货物运输操作证》。

二、危险化学品的接卸

1. 危险化学品运输车辆在进入公司时，机动车应佩戴标准阻火器，按指定路线行驶。安全管理人员应对车辆的安全状况进行查验，检查车辆是否与送货单的车辆一致，检查驾驶员与押运员是否与证件相对应，并通知相关使用部门。

2. 危险化学品车辆入厂后，使用部门通知质量检验部门进行抽样化验，合格后方可卸车。对质量不合格的产品，与供货商进行沟通。

3. 危险化学品的装卸作业禁止在夜间照明不足时和雷雨天进行。

4. 清洗剂、消毒剂以及其他有毒有害化学品必须粘贴安全标签，在盛装、危险化学品的设备附近，采用颜色、标牌、标签等形式标明其危险性。

5. 工作人员必须按有关规定正确佩戴和使用劳动防护用品，按操作规程操作，确保作业现场安全。

三、危险化学品的储存

1. 危险化学品试剂应贮藏在专用库内，要做好危险化学品的提示符号，按照相关技术标准规定的储存方法、储存数量和安全距离，实行隔离、隔开、分离储存，禁止将危险化学品与禁忌物品混合储存。库房内应保持良好的通风状态和避光，定期进行巡视检查，库房应安装防爆灯具，且附近贮备足够数量的消防器材。

2. 危险化学品仓库必须符合安全、消防要求，设置明显安全标志、通讯和报警装置。

3. 危险化学品仓库须上锁，指定专人保管，根据危险化学品的性质，配给保管人员相应的劳保用品。

4. 遇水易发生反应的危险化学品杜绝露天保存，要远离水源。

5. 盛放压缩气体的钢瓶贮存时要避免日光及高温，戴好安全帽，避免碰撞摔打。

6. 危险化学品存放区严禁一切明火，禁止吸烟，禁止一切火种和带火、冒火和外部打火的机动车辆入内。

7. 清洗剂、消毒剂以及其他有毒有害化学品必须粘贴安全标签，在盛装、贮存危险化学品的设备附近，采用颜色、标牌、标签等形式标明其危险性。

8. 不准在储存危险化学品的库房内或露天堆垛附近进行试验、分装、打包、焊接、气割和其他可能引起火灾的操作。

9. 剧毒化学品及储存数量构成重大危险源的其他危险化学品必须在专用仓库内单独存放，实行双人收发、双人保管制度，防止剧毒化学品被盗、丢失或者错发误用。发现剧毒化学品被盗、丢失或者错发误用时，必须立即向上级领导报告。

四、危险化学品的出入库管理

1. 危险化学品的出入库管理必须设专职保管人员。保管员应按要求做好出入库记录。每月底对危险化学品的采购量、使用量、库存量进行盘点，认真核对数量与质量，做好数据统计，达到账物相符，确保安全第一。

2. 危险化学品入库前，危险化学品保管人员必须了解物品性质，进行仔细检查，入库后，再次对品名、数量、包装、危险标志认真核对，确认正确无误后，填写危险化学品台账，经审核人签字认可，并定期检查做好记录。

3. 进入化学危险品贮存区域的人员、机动车辆和作业车辆，必须采取防火、防静电等安全措施。

4. 装卸、搬运化学危险品时应按有关规定进行，做到轻装、轻卸。严禁摔、碰、撞、击、拖拉、倾倒和滚动。

5. 装卸对人身有毒害及腐蚀性的物品时，操作人员应根据危险性，正确穿戴相应的防护装备。

6. 安全管理人员负责对危险化学品的出入库记录填写情况进行不定期抽查、核对。

五、危险化学品的使用

1. 使用部门应妥善保管安全技术说明书。现场的危险化学品的外包装上，必须保留安全标签。

2. 使用者在使用前，应熟知安全技术说明书的内容及有关化学实验的注意事项进行操作，应具备处理意外事件的能力。

3. 使用者在使用时，必须正确佩戴劳动防护用品。

4. 使用现场，应设置符合要求的应急救援器材或装备。

5. 易燃易爆类、有毒有害类，有刺激性气味及有害的试剂，如甲醇、正已烷、吡啶等的操作间通风良好，用完之后，应拧紧瓶盖；当甲醇等有毒有害易燃物品发生泄漏时，禁止动火，要用大量水冲洗。

6. 有腐蚀性化学药品或试剂溅到皮肤上，要立即用大量水冲洗并采取合适的治疗方法。在整个实验过程中，严格按照操作规程进行实验操作，且应保持化验室良好的通风状态，有利于有毒有害气体的排出。

7. 如高纯氮气压缩气体，使用时要将钢瓶固定，钢瓶要直立，避免碰撞，钢瓶内气体不得用完，应保留不少于0.5千克/米^{3}剩余残渣，以免充气和再使用时发生危险。

8. 用完毕后，应及时清理现场，不得留有残余化学品。剩余物料必须严格按规定办理退库手续，不得随意丢弃。

9. 化验员在实验完成之后，必须将手、脸洗净，换完工作服后可离开化验室。

10. 质量检验部门对使用过的危险化学品的包装容器和器具，做好清洁或回收工作。

11. 危险化学品的周转存放处，应设置醒目、清晰和齐全的安全标志。

六、危险化学品的报废处理

1. 危险化学品用后的包装容器（桶、纸袋、瓶、木桶等）须严加管理，废弃的危险物品不允许擅自处理，须由获得资格认可的单位进行处理。

2. 有爆炸、腐蚀性危险的物品的报废处理，由使用部门提出申请，部门负责人批准，安全专员到现场监督处理。

3. 危险物品的储存、消耗和废弃数量，应由危险物品仓储、使用负责人认真核对，记录在危险化学品管理台账上。

七、危害告知

公司应通过宣传教育、现场设置危险化学品公告栏和告知牌等方式，对从业人员及相关方进行宣传、教育，使其了解生产过程中危险化学品的危险特性、活性危害、禁配物等，以及采取的预防及应急处理措施。

八、危险化学品档案的建立

危险化学品的使用部门应该建立危险化学品档案，并根据《危险货物品名表》对所有危险化学品进行普查分类，将分类结果汇入危险化学品档案。危险化学品档案内容应该包括：名称，包括别名、英文名等；存放、使用地点；数量；危险性分类、危规号、包装类别、登记号；安全技术说明书与安全标签。

第八节　应急预案与演练

一、预案编制

根据风险评价结果，编制专项和现场处置预案。应急预案至少应包括对火灾、爆炸、危险化学物品泄漏等事故的应急措施与救援预案。事故应急救援预案编制符合国家现行标准要求。

二、演　练

1. 组织应急救援预案培训（图15-1）。

2. 综合应急救援预案每年至少组织一次演练，现场处置方案每半年至少组织一次演练。

3. 演练后及时进行演练效果评价，并对应急预案评审。

图15-1　液氨泄漏专项演练

三、评　审

1. 定期评审应急救援预案，至少每三年评审修订一次。

2. 潜在事件和突发事故发生后，及时评审修订预案。

四、备　案

1. 将应急救援预案报所在地设区的市级人民政府安全生产监督管理部门备案。

2. 通报当地应急协作单位。

图书在版编目（CIP）数据

生猪屠宰管理技术操作手册 / 王鸿章主编. —北京：中国农业科学技术出版社，2019. 6

ISBN 978-7-5116-4134-2

Ⅰ. ①生… Ⅱ. ①王… Ⅲ. ①猪—屠宰加工—技术手册 Ⅳ. ①TS251. 4-62

中国版本图书馆 CIP 数据核字（2019）第 067527 号

责任编辑 朱　绯
责任校对 李向荣
出 版 者 中国农业科学技术出版社
北京市中关村南大街12号　　邮编：100081
电　　话 （010）82106626（编辑室）（010）82109702（发行部）
（010）82109709（读者服务部）
传　　真 （010）82106626
网　　址 http: // www.castp.cn
经 销 者 全国各地新华书店
印 刷 者 北京科信印刷有限公司
开　　本 787mm × 1 092mm　1/16
印　　张 11.5
字　　数 238千字
版　　次 2019年6月第1版　　2019年6月第1次印刷
定　　价 98.00元